AF630698

10
1970

# Faserforschung und Textiltechnik

WISSENSCHAFTLICH-TECHNISCHE ZEITSCHRIFT FÜR DIE CHEMIEFASER- UND TEXTILINDUSTRIE

BEGRÜNDET VON
ERICH CORRENS UND WALTER FRENZEL

HERAUSGEGEBEN VON ERICH CORRENS
WOLFGANG BOBETH – HANS BÖHRINGER – HERMANN KLARE
BURKART PHILIPP – CHRISTIAN RUSCHER

SCHRIFTLEITER J. BRÄMER UND I. RUSCHER

AUS DEM INHALT



AKADEMIE-VERLAG BERLIN

Faserforsch. u. Textiltechnik • 21. Jahrg. • Heft 10 • Seiten 407–452 • Berlin im Oktober 1970

T 6

Schmeichelnd und anschmiegsam, aber auch pflegeleicht
und naßbeständig – wie der Verbraucher Stoffe wünscht –
so müssen Stoffe sein.
Unter dem Namen PRÄWOZELL® bieten wir Ihnen Appreturmittel,
die alle textilen Gewebe mit jedem gewünschten Effekt ausrüsten.
Mit PRÄWOZELL-Appreturmitteln aus Schkopau werden
Tuche, Möbelbezugstoffe, Samt, Cord und Chemiefasergewebe,
Gardinen, Filze, Teppiche u. a.
pflegeleicht und in hoher Repräsentationsgüte veredelt.
Mit PRÄWOZELL schaffen Sie Spitzenerzeugnisse,
wie der Verbraucher sie wünscht.
Eingehende Informationen geben wir Ihnen gern.

KOMBINAT
VEB CHEMISCHE WERKE BUNA
DDR · 4212 SCHKOPAU

DK 677.494.745.32:677.021.125.26-913.3:677.494.061.3:677.021.125.3:539.217.1

*Semenov, Ju. P., Žabin, V. D., Kostromin, V. P.*, und *Pakšver, Ė. A.*

Untersuchung der Makrostruktur von Polyacrylnitrilfaserstoffen

Faserforsch. u. Textiltechnik **21** (1970) 10, S. 407–412. 6 Abb., 2 Tab., 9 Lit.

Es wurde der Einfluß der Bedingungen für das Erspinnen von Polyacrylnitrilfaserstoffen auf die Charakteristiken ihrer Makrostruktur untersucht. Dabei konnte gezeigt werden, daß nach dem Naßspinnverfahren erhaltene Polyacrylnitrilfaserstoffe eine räumliche Netzwerkstruktur haben und Eigenschaften besitzen, die für stark poröse Systeme charakteristisch sind. Insbesondere entwickeln sie während des Trocknens hohe Schrumpfspannungen, die durch Kapillarkontraktionskräfte bestimmt werden.
Die Größe der Schrumpfspannungen hängt von den Fäll- und Reckbedingungen ab und steht mit dem Charakter der Porosität des Polyacrylnitrilfaserstoffes im Zusammenhang.
Unter der Wirkung der Schrumpfspannungen erfolgt eine Änderung der Makrostruktur des Polyacrylnitrilfaserstoffes, die sich in einer Änderung seiner Porosität und Sprödigkeit äußert.

---

DK 678.675'126:532.135.083:541.8:66.062.551:66.062.412.42-13:546.226-325

*Rafler, Gerald*, und *Reinisch, Gerhard*

Zur Ermittlung von [$\eta$] für Polycaprolactame

Faserforsch. u. Textiltechnik **21** (1970) 10, S. 412–415. 4 Abb., 3 Tab., 22 Lit.

Verschiedene Viskositäts/Konzentrations-Beziehungen mit und ohne Konstanten wurden auf ihre Brauchbarkeit zur Ermittlung von [$\eta$] für Polycaprolactam in Phenol(1)/Tetrachloräthan(1) und in 95,6%iger $H_2SO_4$ überprüft.

---

DK 547.458.81:633.511:677.463:677.062:546.157'33:546.133.3'33:[536.495.542.92]:541.24

*Philipp, Burkart, van Nghi, Dinh*, und *Baudisch, Josef*

Untersuchungen zum Einfluß von Carboxyl- und Carbonylgruppen auf den Verlauf des thermischen und äthanolytischen Abbaus der Cellulose

1. Mitt.: Thermischer Abbau von Perjodat/Chlorit-Oxycellulosen

Faserforsch. u. Textiltechnik **21** (1970) 10, S. 416–421. 5 Abb., 4 Tab., 15 Lit.

Untersucht wurde das thermische Verhalten von Baumwoll-Linters, Cordseide und Viskoseseide, die vor der thermischen Behandlung mit Natriumperjodat und Natriumchlorit zu verschieden hohen Carboxylgehalten oxydiert worden waren. Der thermische Abbau wurde im Stickstoffstrom bei Temperaturen von 140, 170 und 200 °C über verschieden lange Zeiten isotherm ausgeführt. Die Abbaurückstände wurden hinsichtlich der Rückstandsmenge, des DP und des Carboxylgehaltes charakterisiert.

---

DK 677.463.061.71:[677.021.125.52:546.33-36]:677.017.424.2

*Szegö, Luigi*

Über das Verhalten von Modalfasern bei Alkalisierung

Faserforsch. u. Textiltechnik **21** (1970) 10, S. 422–425. 2 Abb., 4 Tab., 15 Lit.

Fäden aus Modalfasern, d. h. Polynosics und HWM-Fasern, zeigen beim Alkalisieren mit 5- bzw. 23,5%iger Natronlauge in relaxiertem Zustand verschieden starke Festigkeitsverluste, die bei HWM-Fasern eindeutig höher liegen als bei Polynosics. Wird die alkalische Behandlung unter Spannung ausgeführt, so ist der Festigkeitsverlust der HWM-Fäden verhältnismäßig gering, so daß der Unterschied zwischen den beiden Fasertypen praktisch verschwindet.

---

DK 678.674:66.095.3:541.124:532.135.083.547.29.024:547.28.024

*Leibnitz, Eberhard*, und *Reinisch, Gerhard*

Über Poly-[äthylen-co-(b)-polyoxaäthylen]-terephthalate

I. Synthesen und Polymeranalytik

Faserforsch. u. Textiltechnik **21** (1970) 10, S. 426–430. 7 Abb., 2 Tab., 5 Lit.

Es werden Herstellung, analytische Charakterisierung und einige Eigenschaften von Copolykondensaten aus Bis-($\beta$-hydroxyäthyl)-terephthalat bzw. Polyäthylenterephthalaten niederer rel. Molekülmassen und $\alpha$, $\omega$-Dihydroxy-polyalkylenoxiden beschrieben.

---

DK 677.494.745.32:677.494.061.39:541.183.25/.26

*Flath, Hans-Joachim*

Hydrophilie und spezifische Oberfläche

Faserforsch. u. Textiltechnik **21** (1970) 10, S. 430–434. 4 Abb., 2 Tab., 8 Lit.

Im Anschluß an eine frühere Mitteilung über die Bestimmung der spezifischen Oberfläche von Polyacrylnitrilfaserstoffen mit Hilfe der Tieftemperatur-Gassorptionsmethode werden die Resultate mit Oberflächenwerten verglichen, die sich aus der Wasserdampfsorption errechnen lassen. Die dabei auftretenden starken Differenzen werden durch Vergleich mit Benetzungswärmen und Wasseraufnahme aus der umgebenden Atmosphäre zu klären versucht.
Die im Normalklima sorbierte Wassermenge ist linear von der Oberfläche abhängig, wenn man die aus der Wasserdampfsorption ermittelten Werte zugrunde legt.
Aus den Ergebnissen wird der Schluß gezogen, daß in Gegenwart von Wasser die Oberflächenwerte aus der Wasserdampfsorption die realen Verhältnisse besser wiedergeben.

---

DK 678.675 677.494[Bikomp.]:677.021.123.652:677.021.125.277:677.061.2

*Buskies, Dietrich*, und *Kern, Helmut*

Herstellung von Bikomponentenfaserstoffen auf Basis von Polyamiden

Faserforsch. u. Textiltechnik **21** (1970) 10, S. 435–441. 13 Abb., 17 Lit.

Obwohl das Erspinnen von Bikomponentenfaserstoffen komplizierter als das von herkömmlichen Faserstoffen ist, kann durch den Einsatz von spinntexturierten gegenüber mechanisch texturierten Faserstoffen insgesamt eine beträchtliche Einsparung an Kosten erzielt werden. Außerdem besitzen Bikomponentenfaserstoffe spezifische Vorzüge, die die Einsatzmöglichkeiten von Texturseiden erweitern können. Über einige Möglichkeiten und Bedingungen für die Herstellung von Bikomponentenfaserstoffen aus Polyamiden wird berichtet.

---

Kurze Mitteilungen

DK 678.745.32-498.3:543.436:66.062.855.5.66.062.11

*Gröbe, Volker*

Trübungstitration verdünnter Polyacrylnitrillösungen in Dimethylformamid (DMF) mit Wasser/DMF-Mischungen

Faserforsch. u. Textiltechnik **21** (1970) 10, S. 441. 2 Tab.

DK 678.674'524'420:543.226:541.24:536.421.1:548.52 66.062.55:66.062.412.42-13

*Wiesener, Ernst*

Differential-thermoanalytische Untersuchungen an Polyäthylenterephthalat

IV. Der Einfluß der relativen Molekülmasse auf das Kristallisations- und Schmelzverhalten

Faserforsch. u. Textiltechnik **21** (1970) 10, S. 442–443. 6 Abb.

15. und 16. Mitteilung des FA Textilterminologie der Kammer der Technik

Faserforsch. u. Textiltechnik **21** (1970) 10, S. 444–445.

Neue Bücher S. 445–446.

Patentschau S. 447–449.

Literaturschau S. 449–452.

Der Nachdruck dieser Angaben ist statthaft

# Dialektik – Logik – Erkenntnistheorie

## Lenins philosophisches Denken — Erbe und Aktualität

Von Prof. P. V. Kopnin

(Übersetzung aus dem Russischen)

Deutsche Ausgabe bearbeitet vom Zentralinstitut für Philosophie

der Deutschen Akademie der Wissenschaften zu Berlin

1970. 543 Seiten - 8° - Leinen 18,50 M; Bestell-Nr. 5806; EDV 751 701 5

Diese Monographie ist eins der ersten bedeutsamen Werke, das in der Sowjetunion auf philosophischem Gebiet aus Anlaß des 100. Geburtstages Lenins erschienen ist. Es stammt aus der Feder des auch in der DDR bekannten marxistischen Philosophen P. V. Kopnin.
Dem Autor geht es vorwiegend um Grundfragen der marxistisch-leninistischen Philosophie; Zentralprobleme sind die Ausarbeitung der dialektischen Logik und der Leninschen Konzeption der Einheit von Dialektik, Erkenntnistheorie und Logik.
Ein besonderes Anliegen der Arbeit von P. V. Kopnin besteht darin, die marxistische Philosophie enger an die methodologischen Fragen, die der Forscher der Gegenwart zu lösen hat, heranzuführen.

Bestellungen durch eine Buchhandlung erbeten

THEORIA CUM PRAXI

AKADEMIE-VERLAG · BERLIN



Die Zeitschrift „Faserforschung und Textiltechnik“ erscheint monatlich in Heften zu 48 Textseiten im Format A 4. Der Preis für das Einzelheft beträgt M 15,– (Sonderpreis für DDR M 9,–), für den Vierteljahrbezug M 45,– (Sonderpreis für DDR M 27,–), zuzügl. Bestellgeld. Die Berechnung erfolgt zu Beginn eines Vierteljahrs für 3 Hefte. Bestellungen aus dem Gebiet der Deutschen Demokratischen Republik an ein Postamt, eine Buchhandlung oder den Verlag, aus der Deutschen Bundesrepublik an eine Buchhandlung oder die Auslieferungsstelle Kunst und Wissen, Erich Bieber, 7 Stuttgart 1, Wilhelmstraße 4–6, aus dem Ausland an eine Importbuchhandlung, den Deutschen Buch-Export und -Import GmbH., 701 Leipzig, Postschließfach 276, oder den Akademie-Verlag GmbH., 108 Berlin, Leipziger Str. 3–4 (Fernruf: 220441; Telex-Nr. 0112020; Postscheckkonto 35021) erbeten. Bestellnummer dieses Heftes: 1014/21/10. Alleinige Anzeigenannahme DEWAG-WERBUNG, 102 Berlin, Rosenthaler Str. 28/31, und alle DEWAG-Betriebe in den Bezirksstädten der DDR. – Bestellungen in der UdSSR nehmen entgegen: Städtische Abteilungen von „SOJUZPECHATJ“ bzw. Postämter und Postkontore.

Herausgeber und verantwortlich für den Inhalt: Prof. Dr. Dr. Erich Correns, Institut für Faserstoff-Forschung der Deutschen Akademie der Wissenschaften zu Berlin, 153 Teltow-Seehof, Fernruf: Teltow 4831; Prof. Dr.-Ing. habil. Wolfgang Bobeth, Institut für Technologie der Fasern der Deutschen Akademie der Wissenschaften zu Berlin, 801 Dresden, Hohe Str. 6, Fernruf: 44721; Prof. Dr.-Ing. Hans Böhringer, Institut für Textiltechnologie der Chemiefasern Rudolstadt, Fernruf: Rudolstadt 2031; Prof. Dr. Hermann Klare, Prof. Dr. habil. Burkart Philipp und Dr. habil. Christian Ruscher, Institut für Faserstoff-Forschung der Deutschen Akademie der Wissenschaften zu Berlin, 153 Teltow-Seehof, Fernruf: Teltow 4831. Schriftleiter: Joachim Brämer und Dipl.-Chem. Ingeborg Ruscher, 153 Teltow-Seehof, Kantstr. 55. Verlag: Akademie-Verlag GmbH., 108 Berlin, Leipziger Str. 3–4. Satz und Druck: Druckhaus „Maxim Gorki“, 74 Altenburg. – Veröffentlicht unter der Lizenznummer 1280 des Presseamtes beim Vorsitzenden des Ministerrates der Deutschen Demokratischen Republik.

Manuskriptsendungen sind an einen der Herausgeber oder die Schriftleitung zu richten. Für Inhalt und Form gelten die „Richtlinien für die Annahme und Abfassungen von Beiträgen“, erhältlich von der Schriftleitung. Die Verfasser größerer wissenschaftlicher Arbeiten erhalten außer dem Honorar ein Heft und 50 Sonderdrucke ihrer Arbeit unentgeltlich. Nachdrucke sowie Übersetzungen in fremde Sprachen des Inhalts dieser Zeitschrift und deren Verbreitung – auch auszugsweise mit Quellenangabe – bedürfen der schriftlichen Vereinbarung mit dem Verlag.

# Faserforschung und Textiltechnik

WISSENSCHAFTLICH-TECHNISCHE ZEITSCHRIFT FÜR DIE CHEMIEFASER- UND TEXTILINDUSTRIE

Band 21 Oktober 1970 Heft 10

## Untersuchung der Makrostruktur von Polyacrylnitrilfaserstoffen

*Ju. P. Semenov, V. D. Žabin, V. P. Kostromin und É. A. Pakšver*

*Allunions-Forschungsinstitut für synthetische Faserstoffe, Kalinin/UdSSR*

DK 677.494.745.32:677.021.125.26-913.3:677.494.061.3:677.021.125.3:539.217.1

Es wurde der Einfluß der Bedingungen für das Erspinnen von Polyacrylnitrilfaserstoffen auf die Charakteristiken ihrer Makrostruktur untersucht. Dabei konnte gezeigt werden, daß nach dem Naßspinnverfahren erhaltene Polyacrylnitrilfaserstoffe eine räumliche Netzwerkstruktur haben und Eigenschaften besitzen, die für stark poröse Systeme charakteristisch sind. Insbesondere entwickeln sie während des Trocknens hohe Schrumpfspannungen, die durch Kapillarkontraktionskräfte bestimmt werden.
Die Größe der Schrumpfspannungen hängt von den Fäll- und Reckbedingungen ab und steht mit dem Charakter der Porosität des Polyacrylnitrilfaserstoffes im Zusammenhang.
Unter der Wirkung der Schrumpfspannungen erfolgt eine Änderung der Makrostruktur des Polyacrylnitrilfaserstoffes, die sich in einer Änderung seiner Porosität und Sprödigkeit äußert.

*Изучение макроструктуры полиакрилонитрильных волокон*

Изучено влияние условий формования полиакрилонитрильных волокон на характеристические параметры их макроструктуры. При этом было показано, что волокна, сформованные по мокрому способу, обладают сетчатой структурой и свойствами, характерными для сильно пористых систем. В частности, в процессе сушки значительное натяжение, определяемое усилиями капиллярной контракции, возникает в результате усадки.
Величина этого натяжения зависит от условий коагуляции и вытяжки и связана с характером пористости полиакрилонитрильного волокна.
Под воздействием упомянутого натяжения наблюдается изменение макроструктуры полиакрилонитрильного волокна, выражающееся в изменении пористости и хрупкости волокна.

*Investigation of the Macrostructure of Polyacrylonitrile Fibres*

The effect of the spinning conditions on the macrostructure in polyacrylonitrile fibres has been investigated. The structure of fibres obtained by wet spinning was found to consist of a network causing properties that are specific to porous systems, expecially high stress during drying on shrinking by contracting capillaries. This stress, being related to the particular kind of porosity, depends on the coagulation and drawing conditions and provokes changes in the macrostructure that are reflected in the rigidity of the fibres.

### *Einleitung*

Es ist bekannt, daß nach dem Naßspinnverfahren erhaltene Polyacrylnitrilfaserstoffe (PVY) hochporöse Systeme mit einer großen inneren Oberfläche darstellen [1, 2].

In Abhängigkeit von der Fäll- und Reckbedingungen enthalten PVY-Faserstoffe Hohlräume unterschiedlicher Größe: von etwa 50 Å bis zu einigen $\mu$m. Deshalb kann man die Bildung der Struktur eines PVY-Faserstoffes und die Änderung seiner Eigenschaften in den verschiedenen Stadien seiner Herstellung vom Standpunkt der physikalisch-chemischen Mechanik poröser Materialien aus betrachten [3].

Für poröse Materialien ist das Auftreten erheblicher Schrumpfspannungen während ihrer Trocknung charakteristisch ($F_\sigma$). Die Schrumpfspannungen stellen eine zusammengesetzte Größe dar, d. h. sie entstehen durch die Wirkung mehrerer Kräfte:

$$F_\sigma = \frac{\sigma L + F_{\sigma_0} - F_S + F_K}{S_0}, \qquad (1)$$

wobei $\sigma L$ Kräfte sind, die infolge der Oberflächenspannung ($\sigma_0$) der Flüssigkeit am Umfang ($L$) des Querschnitts der untersuchten Probe entstehen; $F_{\sigma_0}$ ist die Kraft der Kapillarkontraktion als Summe der elementaren Kapillarkräfte, die in der Querschnittsebene auf der Schnittlinie aller dort vorhandenen Menisken wirken; $F_S$ sind die Kräfte des elastischen Widerstandes der Struktur, $F_K$ sind Kräfte der sekundären Kohäsions- und Adhäsionswechselwirkung und $S_0$ stellt den Querschnitt der Struktur dar.

Vor dem völligen Entfernen der flüssigen Phase spielen die Kräfte der Kapillarkontraktion ($F_{\sigma_0}$) in austrocknenden Systemen die Hauptrolle in der Wechselwirkung der Kräfte. Letztere entwickeln sich in der flüssigen Phase und sind in bezug auf das Material äußere Kräfte, die in ihm das Auftreten von Kräften eines elastischen Widerstandes der Struktur ($F_S$) hervorrufen. Unter Einwirkung von Kräften der Kapillarkontraktion erfolgt eine Kontraktion des Materials.

Nach völliger Entfernung der Flüssigkeit beginnen die Kräfte sekundärer Kohäsion/Adhäsions-Bindungen ($F_K$) zu wirken, die die Wirkungen der Kräfte der Kapillarkontraktion (Deformation, Spannung) fixieren und sie in den nichtrelaxierten Struktureinheiten erhalten können. Somit „ist der strukturelle Zustand trockener Materialien fast immer sekundär und stellt das Ergebnis der Wirkung von Kräften der Kapillarkontraktion im vorangegangenen Trocknungsprozeß dar" [3].

Während der Trocknung findet eine Änderung der strukturellen Besonderheiten des Materials (seiner Porosität) statt und infolgedessen eine Änderung seiner mechanischen Charakteristiken und Sprödigkeit.

In der vorliegenden Arbeit werden Ergebnisse der Untersuchung einiger morphologischer Charakteristiken der Struktur von PVY-Faserstoff und deren Änderungen in Abhängigkeit von seinen Herstellungsbedingungen mitgeteilt.

*Tabelle 1. Charakteristik der Faserstoffproben*

| Proben-Nr. | Chem. Zusammensetzung des Faserstoffes[1]) | Art der Fadenbildung |
|---|---|---|
| 1 | AN/MA/S = 92,3/6,0/1,7 | Anwendung konz. NaCNS-Lösung als Lösungsmittel |
| 2 | AN/MA/S = 85,8/12,8/1,4 | Anwendung konz. NaCNS-Lösung als Lösungsmittel |
| 3 | AN/MMA/S = 92,5/6,0/1,5 | aus Lösungen in DMF |
| 4 | AN/MMA/K = 86,5/12,0/1,5 | aus Lösungen in DMF |

[1]) AN — Acrylnitril, MA — Methylacrylat, MMA — Methylmethacrylat, S — dritte, saure Gruppen enthaltende Komponente

## 2. Methodischer Teil

Den Gegenstand der Untersuchung bildeten Faserstoffe, die aus Copolymeren des Acrylnitrils nach dem Naßspinnverfahren erhalten worden waren (Tabelle 1)[1]).

Die im Verlaufe der Trocknung entstehenden Spannungen wurden mit einem Kontraktiometer gemessen. Das hierfür benutzte Gerät ist in Bild 1 schematisch dargestellt. Die Messungen wurden in folgender Weise durchgeführt. Eine 180 mm lange Fadenprobe (4) wurde in der Kammer (1) um das Häkchen (5) gelegt, und die freien Enden wurden in der Klemme (3) befestigt. Mittels der Klemme wurde die Anfangsspannung der Probe eingestellt. Die sich in den Proben entwickelnden Kräfte wurden unter Anwendung von Dehnungsmeßstreifen verfolgt, die auf einer elastischen Feder (6) aufgeklebt waren. Die maximale Durchbiegung der Feder betrug 1,5 mm. Nach Einbringen der Probe wurde die Heizvorrichtung (2) eingeschaltet, und die Temperatur wurde in der Prüfzone auf 50 °C konstant gehalten. Der zeitliche Verlauf der Schrumpfspannungen wurde vom Schreiber einer sich selbst abgleichenden Doppelbrücke (7) aufgezeichnet.

Die Schrumpfung des Fadens beim Trocknen wurde nach einer früher [4] beschriebenen Methode ermittelt. Die Porosität des trockenen Faserstoffes wurde anhand seiner durch Tieftemperatur-Sorption von Stickstoff gemessenen spezifischen Oberfläche ($S$) und des durch Quecksilberporosimetrie ermittelten spezifischen Volumens der Poren ($V$) beurteilt[2]).

[1]) An dem experimentellen Teil der Arbeit waren *N. A. Semenova* und *L. N. Ševčenko* beteiligt.

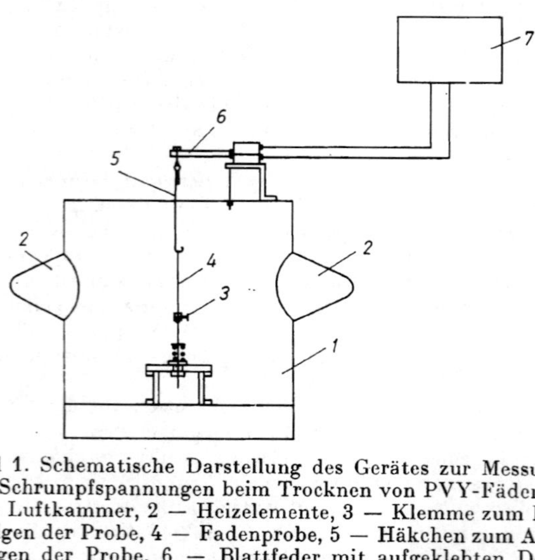


Bild 1. Schematische Darstellung des Gerätes zur Messung der Schrumpfspannungen beim Trocknen von PVY-Fäden
1 — Luftkammer, 2 — Heizelemente, 3 — Klemme zum Befestigen der Probe, 4 — Fadenprobe, 5 — Häkchen zum Aufhängen der Probe, 6 — Blattfeder mit aufgeklebten Dehnungsmeßstreifen, 7 — sich selbst abgleichende Doppelbrücke

Außerdem wurde das Porenvolumen des feuchten Faserstoffes anhand des in ihm eingeschlossenen Wassers ($Q$) bewertet [4]. Das Prinzip der Meßmethode zur Bestimmung des im Faserstoff eingeschlossenen Wassers besteht in einer Messung des Polymer/Wasser-Verhältnisses gerade zu Beginn des Schrumpfens.

Es ist bekannt, daß sich in Poren mit einem Radius $R > 10^{-5}$ cm während der Trocknung des Faserstoffes keine Schrumpfspannungen entstehen und kein Schrumpfen erfolgt [5, 6]. Wir berücksichtigten deshalb bei der Berechnung des Porenvolumens aus der Größe $Q$ hauptsächlich Poren mit einem Radius $R < 10^{-5}$ cm.

Aus diesem Grunde werden zwei Typen von Poren betrachtet, die im feuchten PVY-Faserstoff vorliegen: Mikrokapillaren mit einem Radius $R < 10^{-5}$ cm (sie üben einen Einfluß auf die Eigenschaften des trockenen Faserstoffes infolge Auftretens von Schrumpfspannungen aus) und Hohlräume mit einem Radius $R > 10^{-5}$ cm. Diese Hohlräume mit im Lichtmikroskop sichtbaren Abmessungen in der Größenordnung von Mikronen und Submikronen sind gegen Kräfte der Kapillarkontraktion beständig.

## 3. Ergebnisse und Diskussion

Die Kräfte der Kapillarkontraktion kann man orientierend unter Anwendung folgender Gleichung abschätzen:

$$F_{\sigma_0} = \frac{A\sigma_0}{R}, \qquad (2)$$

in der $\sigma_0$ die Oberflächenspannung der zu entfernenden Flüssigkeit, $R$ der Radius der Poren und $A$ eine Konstante sind, die vom Charakter der Porosität abhängt.

Wenn man das Wasser in einem feuchten Faserstoff durch eine andere inkludierte Flüssigkeit mit geringerer Oberflächenspannung ersetzt, so nimmt die Größe der beim Trocknen entstehenden Schrumpfspannungen proportional zur Verringerung der Größe $\sigma_0$ ab.

Bei unseren Untersuchungen haben wir als Inklusionsmedien folgende Flüssigkeiten angewandt:

| Flüssigkeit | $\sigma_0$ in dyn · cm$^{-2}$ |
|---|---|
| Wasser | 72,75 |
| o-Xylol | 28,93 |
| Benzol | 27,49 |
| Aceton | 22,01 |
| Diisopropyläther | 17,34 |

In Bild 2 ist der zeitliche Verlauf für das Auftreten von Schrumpfspannungen bei der Trocknung von PVY-Faserstoff wiedergegeben. Wie aus der Darstellung ersichtlich ist, ist der Charakter der Kurven dem für andere poröse Systeme analog [7]. Nachdem am Ende des Trockenprozesses der Maximalwert erreicht ist, bleiben die Schrumpfspannungen im weiteren Verlauf konstant. Dies läßt sich dadurch erklären, daß die durch Kräfte der Kapillarkontraktion hervorgerufenen Spannungen ($F_\sigma$) im Faserstoff durch Kohäsion/Adhäsions-Bindungen ($F_K$) fixiert werden, die an Punkten entstehen, an denen sich die Mikrokapillaren schließen.

[2]) Diese Ergebnisse wurden von *G. S. Kruglova* erhalten.

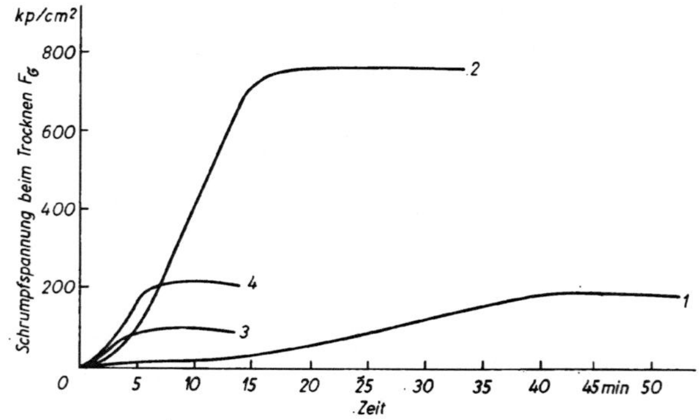


Bild 2. Entwicklung der Schrumpfspannungen in PVY-Fäden beim Verdampfen der in ihnen enthaltenen Flüssigkeit

1 u. 2 — Faden nach dem Fällbad bzw. Recken in Dampf (inkludierte Flüssigkeit: Wasser), 3 und 4 — Faden nach dem Fällbad bzw. dem Recken in Dampf (inkludierte Flüssigkeit: Aceton)

Es sei bemerkt, daß die Nitrilgruppe ein hohes Dipolmoment ($\mu = 3{,}94$ D) besitzt, und deshalb sollten die Größen der Molkohäsion beträchtlich sein.

In Abhängigkeit von den Bedingungen für das Erspinnen von PVY-Faserstoffen und dem Typ der inkludierten Flüssigkeit kann sich die Größe $F_\sigma$ mehrfach ändern. In Bild 3 ist die Änderung der Schrumpfspannungen in Abhängigkeit von der Oberflächenspannung der im Faserstoff inkludierten Flüssigkeit dargestellt. Es ist charakteristisch, daß die beim Trocknen von PVY-Faserstoff auftretenden Schrumpfspannungen der Größe $\sigma_0$ proportional sind und alle Linien im Koordinatenursprung zusammenlaufen. Dies spricht dafür, daß die Schrumpfspannungen beim Trocknen von PVY-Faserstoff hauptsächlich durch die Kräfte der Kapillar-

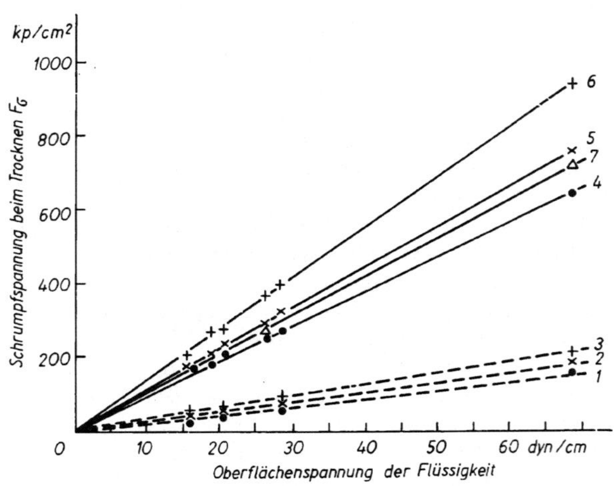


Bild 3. Abhängigkeit der Schrumpfspannungen von der Oberflächenspannung der inkludierten Flüssigkeit für Fäden, die unter Anwendung von Rhodanidlösung als Lösungsmittel ersponnen wurden

1, 2, 3 — frisch ersponnene Fäden, die aus Spinnlösungen mit einer Polymerkonzentration von 8, 12 bzw. 16% erhalten wurden,

4, 5, 6 — gereckte Fäden, die aus Spinnlösungen mit einer Polymerkonzentration von 8, 12 bzw. 16% erhalten wurden,

7 — gereckter Faden, der aus einer PVY-Lösung in Dimethylformamid ersponnen wurde

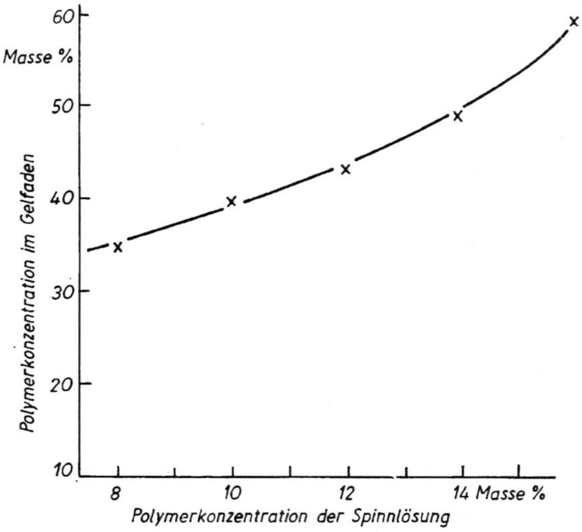


Bild 4. Abhängigkeit der Polymerkonzentration im feuchten Gelfaden von der Spinnlösungskonzentration (Lösungsmittel: konzentrierte Rhodanidlösung)

kontraktion bestimmt werden. Der Austausch des Wassers in den Mikrokapillaren und Hohlräumen des Faserstoffes durch eine andere Flüssigkeit wird nicht von einer Änderung seiner Abmessungen begleitet. Dies weist auf das Fehlen anderer Kräfte in dem Gerüst des feuchten Faserstoffes hin, die fähig sind, ihn zu deformieren.

Die direkte Proportionalität zwischen den Größen $F_\sigma$ und $\sigma_0$ wird sowohl bei frischersponnenen als auch gereckten Fäden beobachtet, unabhängig davon, ob als Lösungsmittel konzentrierte Rhodanidlösung oder Dimethylformamid (DMF) angewendet wurden. Es ändern sich nur die Größe der Schrumpfspannungen und der Neigungswinkel der Geraden infolge des Unterschieds der strukturellen Besonderheiten dieser Faserstoffe, d. h. des Unterschieds im Charakter ihrer Porosität.

Bei Erhöhung der Polymerkonzentration der Spinnlösung steigt die Größe $F_\sigma$ an (s. Bild 3). Dies kann man dadurch erklären, daß sich mit zunehmender Konzentration der Spinnlösung die Dichte des Gelfadens erhöht (Bild 4). Gleichzeitig beobachtet man auch eine Verringerung der Abmessungen der Mikrokapillaren.

Während der Reckung nimmt die Größe $F_\sigma$ zu (Bild 3). Dies findet seine Erklärung in strukturellen Änderungen, die bei der Reckung in den Fäden stattfinden und die in einer Änderung der Form und Abmessungen der Mikrokapillaren des Fadens sowie in einer Erhöhung der Steifigkeit seines Netzwerkes bestehen.

Wie bereits früher gezeigt worden ist [8], steht die Größe des Längsschrumpfes von PVY-Fäden beim Trocknen mit deren Quellungsgrad sowie auch mit dem morphologischen Bau des Polymernetzwerkes und dessen Anisotropie im Zusammenhang. Die Wechselbeziehung zwischen diesen Eigenschaften ist für PVY-Faserstoff in Tabelle 2 und in Bild 5 gezeigt.

Wie aus Tabelle 2 hervorgeht, können sich die Schrumpfspannungen von PVY-Faserstoffen mehr als viermal unterscheiden. Führt man in ein Copolymeres eine große Menge an zweiter Komponente ein, so ändern sich die Fällbedingungen bei der Fadenbildung. Dies äußert sich in einer Änderung der Querschnittsform von

*Tabelle 2. Charakteristik der PVY-Faserstoffe*

| Proben-Nr. | Gehalt an zweiter Komponente | frisch ersponnener Faden | | | Porosität des trockenen Fadens | |
|---|---|---|---|---|---|---|
| | | Schrumpfspannung $F_\sigma$ | Wassergehalt $Q$ | Porenvolumen des nassen Fadens $V_W$ | innere Oberfläche $S$ | Porenvolumen $V_p$ |
| | | kp/cm² | % | cm³/g | m²/g | cm³/g |
| 1 | 6 | 180 | 76 | 3,1 | 0,3 | 0,06 |
| 2 | 12 | 160 | 76 | 3,1 | — | — |
| 3 | 6 | 80 | 75 | 3,0 | 75 | 0,97 |
| 4 | 12 | 40 | 75 | 3,0 | 55 | — |

| Proben-Nr. | gereckter Faden | | | | Porosität des trockenen Fadens | |
|---|---|---|---|---|---|---|
| | Schrumpfspannung $F_\sigma$ | Wassergehalt $Q$ | Porenvolumen des nassen Fadens $V_W$ | Schrumpf beim Trocknen $\Delta l/l$ | innere Oberfläche $S$ | Porenvolumen $V_p$ |
| | kp/cm² | % | cm³/g | % | m²/g | cm³/g |
| 1 | 990 | 58 | 1,4 | 15,8 | 1,3 | 0,15 |
| 2 | 880 | 61 | 1,4 | 12,4 | — | — |
| 3 | 840 | 52 | 1,1 | 8,0 | 0,9 | 0,19 |
| 4 | 420 | 32 | 0,5 | 1,9 | 29 | — |

Fäden, die bei Anwendung von Rhodanidlösungen als Lösungsmittel ersponnen wurden (Bild 5a und b), oder in dem Auftreten einer großen Anzahl von Hohlräumen, wenn die Fäden aus Lösungen in DMF erhalten wurden (Bild 5c und d).

Der Wassergehalt frischersponnener Fäden unterschiedlicher chemischer Zusammensetzung ist ungefähr gleich (Tabelle 2). Die Größe $F_\sigma$ und die innere Oberfläche des getrockneten Faserstoffes ($S$) unterscheiden sich jedoch wesentlich. Dies findet seine Erklärung in

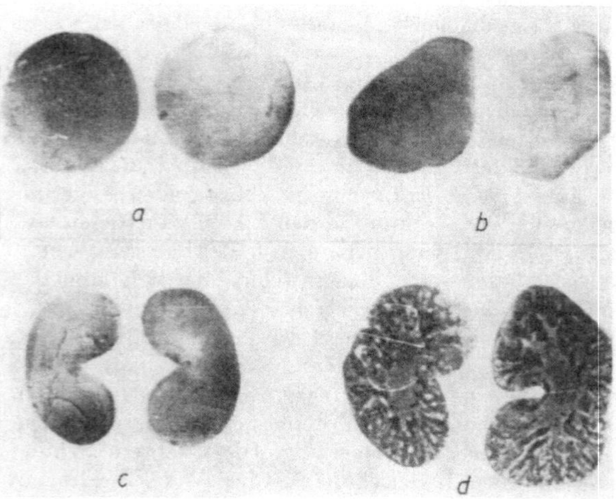


Bild 5. Querschnitte ungereckter PVY-Fäden
a und b — Fäden, die 6 bzw. 12% an zweiter Komponente enthalten und unter Anwendung von Rhodanidlösung als Lösungsmittel ersponnen wurden
c und d — Fäden, die aus PVY-Lösungen in Dimethylformamid ersponnen wurden und 6 bzw. 12% an zweiter Komponente enthalten

dem unterschiedlichen Charakter der Porosität der Faserstoffe. Faserstoffe, deren Struktur eine große Anzahl von Hohlräumen aufweisen, zeigen geringe Schrumpfspannungen (Tabelle 2, Probe 4).

Diese Gesetzmäßigkeit bleibt auch für gereckte Fäden erhalten. Mit zunehmender Anzahl großer Hohlräume im gereckten Faden verringert sich die Wassermenge, die in den Mikrokapillaren ($Q$) enthalten ist, und folglich auch das Gesamtvolumen der Mikrokapillaren ($V_W$). Gleichfalls wird der Schrumpf des Faserstoffes beim Trocknen geringer. Man kann annehmen, daß das Schrumpfen eines Fadens in Längsrichtung nicht nur vom Grad der Anisotropie seiner Struktur abhängt, sondern auch von der Anzahl der in ihm vorhandenen Hohlräume, die die Beweglichkeit der Netzstruktur beim Trocknen herabsetzen.

Das Erspinnen von PVY-Fäden unter Anwendung von Rhodanidlösungen als Lösungsmittel verläuft unter milderen Fällbedingungen und führt zur Bildung einer gleichmäßigeren Makrostruktur ohne große Hohlräume (Bild 5a und b). Dies äußert sich sowohl bei den frischersponnenen als auch den gereckten Fäden in hohen $F_\sigma$-Werten. Für diese Fäden ist ein großer Gehalt an inkludiertem Wasser ($Q$) und ein hoher Schrumpf beim Trocknen charakteristisch. Der Einfluß der Copolymerzusammensetzung auf die Eigenschaften des Faserstoffes ist bei Einsatz von Rhodanidlösungen als Lösungsmittel in geringerem Maße ausgeprägt als bei Anwendung von DMF.

Der Unterschied im Charakter der Porosität von Faserstoffen, die unter Anwendung der beiden genannten Lösungsmittel ersponnen wurden, führt auch zu verschiedenen Änderungen ihrer Struktur während des Trocknens. Man kann annehmen, daß sich in einem Faserstoff, für dessen Herstellung eine Rhodanidlösung

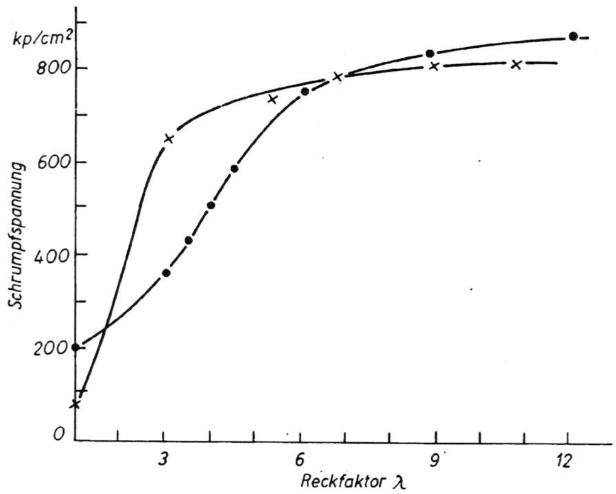


Bild 6. Abhängigkeit der Schrumpfspannungen vom Reckgrad der PVY-Fäden
● — ersponnen unter Anwendung von Rhodanidlösung als Lösungsmittel
× — ersponnen aus einer Lösung in Dimethylformamid

als Lösungsmittel gewählt wurde und der eine gleichmäßige Struktur ohne Hohlräume mit sehr feinen Mikrokapillaren besitzt, während des Trockenprozesses diese Mikrokapillaren unter der Wirkung von Kräften der Kapillarkontraktion völlig schließen. Infolgedessen besitzt der ausgetrocknete frisch ersponnene Faserstoff eine kleine innere Oberfläche ($S$) und ein geringes Porenvolumen ($V$) und wird spröde und glasartig. Frisch ersponnene Fäden, die aus PVY-Lösungen in DMF erhalten wurden, weisen nach dem Trocknen hohe $S$- und $V$-Werte auf, da die in ihnen vorhandenen großen Hohlräume eine Strukturarmierung darstellen und ein völliges Schließen der Mikrokapillaren erschweren.

Es ist interessant, die Änderung der Fadeneigenschaften in Abhängigkeit vom Reckgrad zu verfolgen (Bild 6 und Tabelle 2). Bei Fäden, die aus PVY-Lösungen in DMF ersponnen wurden, beobachtet man im Bereich des Reckfaktors $\lambda = 1$ bis 3 einen steilen Anstieg der Größe $F_\sigma$, und bei weiterer Erhöhung von $\lambda$ erfolgt nur noch eine geringe Zunahme. Wendet man Rhodanidlösungen an, so ist bei den aus ihnen erhaltenen Fäden eine derartige sprunghafte Änderung der Größe $F_\sigma$ im Bereich $\lambda = 3$ bis 6 zu verzeichnen.

Der beim Anwachsen von $F_\sigma$ gefundene Sprung charakterisiert strukturelle Änderungen, die im frisch ersponnenen Gelfaden bei der Reckung stattfinden. Offenbar ist dies jener Reckbereich, in dem ein tiefgreifender Umbau der Fadenstruktur erfolgt. Das Erspinnen von PVY-Faserstoffen aus Lösungen in DMF verläuft unter härteren Bedingungen als bei Einsatz von Rhodanidlösung als Lösungsmittel. Infolgedessen werden die frisch gebildeten Gele dieser Fäden eine unterschiedliche Elastizität besitzen. Die hohe Elastizität von Gelen, die unter Anwendung von Rhodanidlösung als Lösungsmittel erhalten wurden, führt dazu, daß der Umbau ihrer Struktur nur beim Erreichen hoher Reckgrade erfolgt. Die starreren, aus Lösungen in DMF entstandenen Gele unterliegen schon bei geringeren Deformationen einem Umbau.

Es ist bekannt [9], daß der Umbau der Struktur während des Naßreckens eines Fadens von einer erhöhten synäretischen Flüssigkeitsabscheidung begleitet wird, wobei eine teilweise Zerstörung des Gels infolge Orientierung erfolgt. Dies wird auch bei der Naßreckung von PVY-Fäden beobachtet (Tabelle 2).

Die teilweise mechanische Zerstörung eines aus Rhodanidlösungen erhaltenen Gels beim Recken führt zur Bildung großer im Elektronenmikroskop sichtbarer Mikrokapillaren in der Fadenstruktur. Hierdurch wird die Gleichmäßigkeit der Struktur gestört, was eine völlige Verdichtung der Struktur beim Trocknen verhindert, so daß die Porosität trockener gereckter Fäden größer ist als die der trockenen frisch ersponnenen Fäden (Tabelle 2, Probe 1).

Außerdem wird der Umbau der Fadenstruktur bei der Naßreckung von einer Abnahme der Anzahl und Größe der Hohlräume, einer Verringerung der Abmessungen und einer Änderung der Form der Mikrokapillaren begleitet. Dies wird durch das Absinken der Größen $S$ und $V$ und durch das Anwachsen von $F_\sigma$ bestätigt (Tabelle 2, Probe 3). Jedoch führt die Bildung einer sehr großen Anzahl von Hohlräumen dazu, daß der Wert von $S$ auch im trockenen gereckten Faden hoch bleibt (Tabelle 2, Probe 4, und Bild 5d).

Somit ist in der vorliegenden Arbeit gezeigt worden, daß nach dem Naßspinnverfahren hergestellte PVY-Faserstoffe eine räumliche Netzstruktur haben und Eigenschaften besitzen, die für hochporöse Systeme charakteristisch sind. Insbesondere entwickeln sie hohe Schrumpfspannungen während des Trocknens.

Bei einer Änderung der Fäll- und Reckbedingungen ändert sich der Charakter der Porosität (Anzahl, Größe und Form der Mikrokapillaren und Hohlräume), was sich in der Größe der Schrumpfspannungen widerspiegelt.

Unter der Wirkung der Schrumpfspannungen ändert sich die Makrostruktur des Faserstoffes, was in einer Abnahme der Porosität seinen Ausdruck findet. Das Auftreten hoher Schrumpfspannungen im Falle einer gleichmäßigen Struktur des Gelfadens kann zu einem völligen Schließen der Mikrokapillaren und zur Bildung einer glasartigen Struktur mit hoher Sprödigkeit führen (Fäden, die unter Anwendung von Rhodanidlösung als Lösungsmittel ersponnen wurden).

Anhand der Größe der Schrumpfspannungen kann man den Grad der während des Naßreckens der Fäden ablaufenden Umwandlungen beurteilen und den kritischen Reckgrad feststellen, bei dem diese Umwandlungen beginnen.

Bei der Untersuchung der Porosität und anderer Charakteristiken der Struktur von getrocknetem PVY-Faserstoff ist es notwendig, die Änderung seiner Struktur zu berücksichtigen, die während des Trocknens stattfindet.

## *Literatur*

[1] *Ruscher, Ch.*, und *Walenta, E.:* Röntgenkleinwinkelstreuung an Polyacrylnitrilfasern. Faserforsch. u. Textiltechnik **18** (1967) 2, S. 78–83.

[2] *v. Hornuff, G.*, und *Grosse, I.:* Über Veränderung der Feinstruktur von Polyacrylnitrilfasern bei der Reckung und der thermischen Behandlung. 1. Mitt. Faserforsch. u. Textiltechnik **20** (1969) 7, S. 309–316.

[3] *Rebinder, P. A.*, und *Vlodavec, I. N.*: Probleme der physiko-chemischen Mechanik fasriger und poröser disperser Strukturen und Materialien. Riga: Verlag Znanie 1967, S. 27—36.
[4] *Semenov, Ju. P.*, *Pakšver, Ė. A.*, und *Strel'cov, A. A.*: Erspinnen von Polyacrylnitrilfaserstoff mit unterschiedlichem Schrumpfvermögen. Sammelbd. Synthetische Faserstoffe. Moskva: Verlag Chimija 1969, S. 103.
[5] *Kavkazov, Ju. L.*: Wechselwirkung von Leder mit Feuchtigkeit. Moskva 1952.
[6] *Lykov, A. V.*: Theorie des Trocknens. Moskau 1968.
[7] *Strižakova, A. V.*, und *Ostrikov, M. S.*: Probleme der physiko-chemischen Mechanik fasriger und poröser disperser Strukturen und Materialien. Riga: Verlag Znanie 1967, S. 221—232.
[8] *Semenov, Ju. P.*, *Kostromin, V. P.*, und *Pakšver, Ė. A.*, im Druck.
[9] *Papkov, S. P.*: Probleme der physiko-chemischen Mechanik fasriger und poröser disperser Strukturen und Materialien. Riga: Verlag Znanie 1967, S. 165.

*Eingegangen am 1. Juni 1970*

# Zur Ermittlung von $[\eta]$ für Polycaprolactame[1]

*Gerald Rafler und Gerhard Reinisch*

*Deutsche Akademie der Wissenschaften zu Berlin, Institut für Faserstoff-Forschung in Teltow-Seehof, Abt. Polykondensatfaserstoffe*

DK 678.675'126:532.135.083:541.8:66.062.551:66.062.412.42-13:546.226-325

Verschiedene Viskositäts/Konzentrations-Beziehungen mit und ohne Konstanten wurden auf ihre Brauchbarkeit zur Ermittlung von $[\eta]$ für Polycaprolactam in Phenol(1)/Tetrachloräthan(1) und in 95,6%iger $H_2SO_4$ überprüft.

*К вопросу об определении [η] для поликапролактама*

Проведена проверка применимости различных зависимостей вязкости от концентрации (с константами и без них) для определения [η] поликапролактама, растворенного в смеси фенола с тетрахлорэтаном (1 : 1), а также в 95,6%-ной серной кислоте.

*The Determination of [η] of Polycaprolactams*

Various viscosity-concentration relationship, with and without numerical values for the constants given, have been reinvestigated as to their reliability for determining $[\eta]$ of polycaprolactam in 1 : 1 phenol/tetrachloroethane solution and in 95,6% $H_2SO_4$.

## 1. *Viskositäts/Konzentrations-Beziehungen mit Konstanten*

Die Abhängigkeit $\eta_{sp}/c$ von der Konzentration läßt sich formal durch eine Potenzreihe ausdrücken:

$$\frac{\eta_{sp}}{c} = a_1 + a_2 c + a_3 c^2 + \ldots,$$

wobei $a_1$ dann $[\eta]$ entspricht. Als Näherungslösungen dieser Potenzreihe gibt es eine ganze Reihe von Funktionen, von denen die nach *Huggins* sowie die nach *Schulz* und *Blaschke* die bekanntesten sind.

*Huggins:* $$\frac{\eta_{sp}}{c} = [\eta] + k_H [\eta]^2 c, \qquad [1]$$

*Schulz/Blaschke:* $$\frac{\eta_{sp}}{c} = [\eta] + k_{SB} [\eta]\, \eta_{sp}, \qquad [2]$$

*Krejsa:* $$\frac{\eta_{sp}}{c} = [\eta] + k_K \frac{\eta_{sp}^2}{c}, \qquad [3]$$

*Martin:* $$\ln \frac{\eta_{sp}}{c} = \ln [\eta] + k_M [\eta]\, c, \qquad [4]$$

*Kraemer:* $$\frac{\ln \eta_{rel}}{c} = [\eta] - \beta [\eta]^2 c, \qquad [5]$$

*Arrhenius, Rother:* $$\frac{\ln \eta_{rel}}{c} = [\eta] + k_{AR} [\eta] \ln \eta_{rel}, \qquad [6]$$

*Marx-Figini:* $$\lg \frac{\eta_{sp}}{c} = \lg [\eta] + k_{MF} [\eta]\, \eta_{sp}, \qquad [7]$$

*Heller-1:* $$\frac{c}{\eta_{sp}} = \frac{1}{[\eta]} - k_{H1} c, \qquad [8]$$

*Heller-2:* $$\frac{c}{\ln \eta_{rel}} = \frac{1}{[\eta]} + k_{H2} c, \qquad [8]$$

*Opitz/Grohn:* $$\frac{\eta_{sp}}{c^2} = k_H [\eta]^2 + \frac{[\eta]}{c}. \qquad [9]$$

Nach *Willert*, *Berger* und *Langhammer* [10] liefern die angeführten Viskositäts/Konzentrations-Beziehungen bei „meßfehlerfreien" Messungen im Konzentrationsbereich $c \leqq 0{,}01\ \mathrm{g/ml^{-1}}$ für Polyäthylen in Tetralin praktisch gleiche $[\eta]$. Bei $[\eta]$ zwischen 70 und 90 ml g$^{-1}$ betrugen die Abweichungen weniger als 0,3%. Die Abweichungen — sowohl in $[\eta]$ als auch in der Linearität — wurden bei höheren $[\eta]$-Werten größer.

Nach *Glöckner*, *Linow* und *Philipp* [11] kann man bei Annahme des Rotationsellipsoids als Modellform des Polymerknäuels die *Schulz/Blaschke*-Gleichung direkt aus der *Einstein*schen Beziehung [12] ableiten. Für Lösungen von Cellulose in Cuen ergab sich dann experimentell, daß die *Schulz/Blaschke*-Gleichung bis $\eta_{sp} \sim 3{,}0$ die beste Linearisierungsgleichung ist; die Beziehung nach *Kraemer* war nur für $\eta_{sp} < 1{,}0$ brauchbar [13].

*Philipp*, *Glöckner* und *Linow* [14] konnten weiterhin experimentell an Cellulosenitrat und Polycarbonaten in verschiedenen Lösungsmitteln zeigen, daß auch für diese Systeme $k_{SB}$ vergleichsweise besser konstant war als $k_H$; die Extrapolation nach *Huggins* lieferte dabei niedrigere $[\eta]$-Werte als die nach *Schulz/Blaschke*.

Wir untersuchten zunächst das System Polycaprolactam/Phenol(1)/Tetrachloräthan(1) (m/m). Die Polyamidproben waren reglerfrei. Die viskosimetrischen Messungen wurden in einem für Verdünnungsviskosimetrie umgebauten *Ubbelohde*-Viskosimeter durchgeführt. Zur Konzentrationseinstel-

[1]) 9. Mitt. über „Analytik von Polycaprolactam". 8. Mitt. vgl. *Rafler, G.*, und *Reinisch, G.* [21].

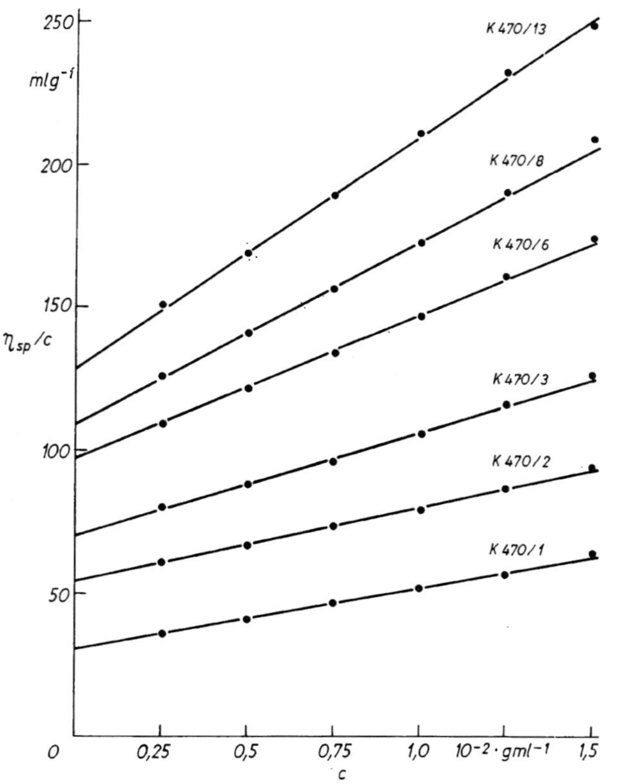


Bild 1. Extrapolation nach *Huggins*
Reglerfreie Polycaprolactame in Phenol (1)/Tetrachloräthan (1) bei 20°C

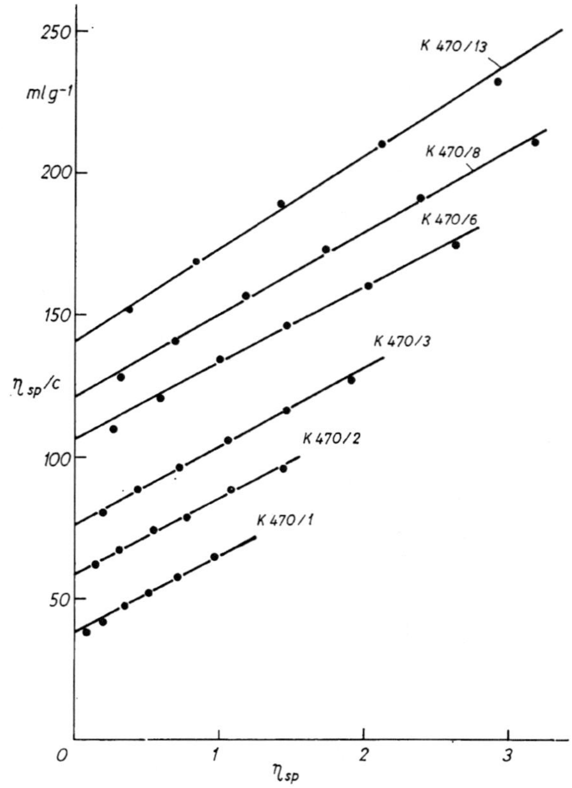


Bild 2. Extrapolation nach *Schulz/Blaschke*
Reglerfreie Polycarolactame in Phenol (1)/Tetrachloräthan (1) bei 20°C

lung verdünnten wir die Lösungen im Viskosimeter. Die Standardabweichung betrug für eine Probe mit $[\overline{\eta}]_H = 136{,}8$ ml g$^{-1}$ bei zehn Messungen $s_{10}$ $([\eta]) = 1{,}0$ ml g$^{-1}$.

Die Auswertung der Verdünnungsviskosimetrie (Bild 1 und 2, Tabelle 1) ergab, daß die *Huggins*-Methodik für das System Polycaprolactam/Phenol(1)/Tetrachloräthan(1) besser geeignet ist. Wie Bild 1 und 2 erkennen lassen, streuen die nach $\eta_{sp}/c = f(\eta_{sp})$ aufgetragenen Meßwerte deutlich stärker als die Werte der *Huggins*-Auftragung.

*Tabelle 1. $[\eta]_H$- und $[\eta]_{SB}$-Werte für reglerfreie Polycaprolactame in Phenol(1)/Tetrachloräthan(1) (m/m) bei 20°C*

| Probe | $[\eta]_H$ in ml g$^{-1}$ graph. | rechner.[2]) | $[\eta]_{SB}$ in ml g$^{-1}$ graph. | rechner.[2]) |
|---|---|---|---|---|
| K 470/1 | 30,3 | 31,3 | 38,0 | 35,5 |
| K 470/2 | 54,0 | 52,8 | 58,0 | 57,6 |
| K 470/3 | 70,0 | 69,3 | 76,0 | 75,8 |
| K 470/4 | 80,0 | 79,3 | 91,0 | 87,7 |
| K 470/6 | 96,3 | 94,7 | 106,0 | 104,0 |
| K 470/7 | 100,0 | 95,5 | 113,0 | 112,4 |
| K 470/8 | 109,0 | 107,9 | 122,0 | 120,3 |
| K 470/10 | 116,0 | 117,3 | 130,0 | 130,0 |
| K 470/11 | 124,0 | 123,9 | 136,0 | 137,3 |
| K 470/13 | 127,0 | 130,2 | 141,0 | 144,9 |

[2]) Wir danken Herrn Dipl.-Phys. *B. Schilling* für freundliche Unterstützung bei den Rechenarbeiten am SER 2d des VEK Zentronik.

Vergleichsuntersuchungen an Lösungen von Polycaprolactam in 95,6%iger $H_2SO_4$ ergaben, daß auch für dieses sehr geläufige Viskosimetriesystem die *Huggins*-Extrapolation zur Ermittlung von [$\eta$] wegen der geringeren Wertestreuung der *Schulz/Blaschke*-Methodik rein technisch überlegen ist (Bild 3 und 4). Die Lösungen für die Konzentrationsreihen in Schwefelsäure wurden durch Einzeleinwaagen hergestellt.

Ähnlich wie bei *Philipp, Glöckner* und *Linow* [14] sind $[\eta]_H < [\eta]_{SB}$. Die Differenzen zwischen den beiden Extrapolationswerten betragen in Phenol(1)/Tetrachloräthan(1) im Mittel 11%; in Schwefelsäure steigen die Differenzen zwischen 100 ml g$^{-1}$ $< [\eta] <$ 200 ml g$^{-1}$ von ca. 3 auf ca. 10% des Absolutbetrages von $[\eta]_H$ an.

## 2. *Extrapolationsformeln ohne Konstanten*

Wegen des Arbeitsaufwandes bei der Bestimmung von [$\eta$] aus Verdünnungs- oder Einwägereihen und der Unsicherheiten bei der graphischen Extrapolation hat man immer wieder versucht, Funktionen zu entwickeln, die aus einer Einpunktmessung ohne Kenntnis von Konstanten eine [$\eta$]-Berechnung gestatten. Wir haben die Brauchbarkeit einiger solcher Einpunktformeln für eine reglerfreie Polycaprolactamprobe ($[\eta]_H = 127$ ml g$^{-1}$) in Phenol(1)/Tetrachloräthan(1) überprüft. In die Beziehungen wurden die Viskositätswerte eingesetzt, die wir bei $c = 0{,}005$ g ml$^{-1}$ gemessen hatten (Ta-

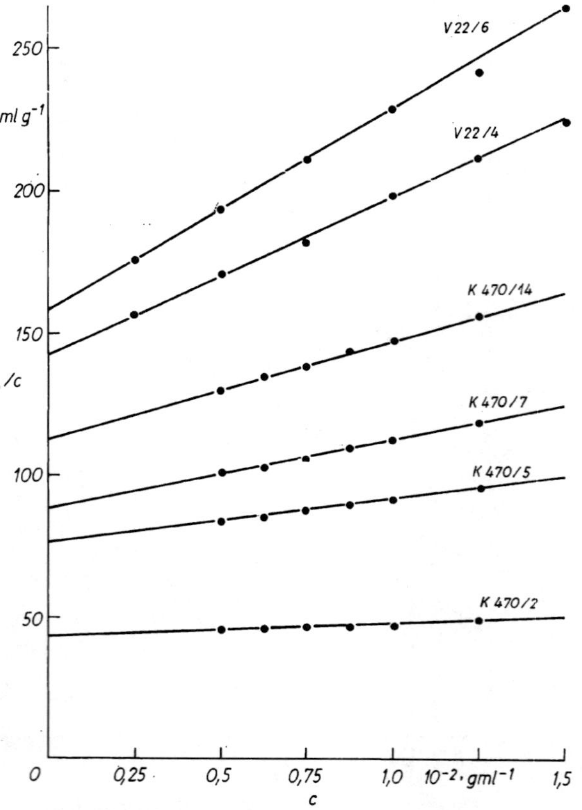


Bild 3. Extraktion nach *Huggins*
Reglerfreie Polycaprolactame in 95,6%iger $H_2SO_4$ bei 20 °C

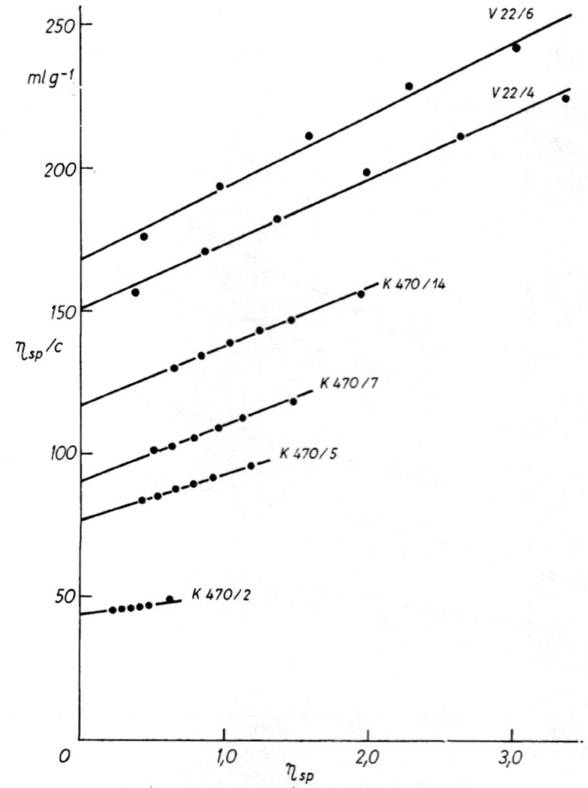


Bild 4. Extrapolation nach *Schulz/Blaschke*
Reglerfreie Polycaprolactame in 95,6%iger $H_2SO_4$ bei 20 °C

belle 2). Alle überprüften Einpunktformeln ergaben gegenüber dem graphisch ermittelten $[\eta]_H$-Wert durchweg positive Abweichungen.

Da es anscheinend keine generelle Einpunktformel zur Bestimmung von $[\eta]$ gibt, schlugen *Ibrahim* und *Elias* [19] vor, für bestimmte Bereiche der *Huggins*-Konstante verschiedene Einpunktbeziehungen zu benutzen.

*Tabelle 2. Berechnung von $[\eta]$ einer reglerfreien Polycaprolactamprobe ($[\eta]_H = 127$ ml g$^{-1}$; $c = 0{,}005$ g ml$^{-1}$) in Phenol(1)/Tetrachloräthan(1) (m/m) bei 20 °C mittels verschiedener Einpunktformeln*

| Beziehung | $[\eta]$ ml g$^{-1}$ | Zitat |
|---|---|---|
| *Solomon, Ciuta* $[\eta] = \frac{\sqrt{2}}{c}\sqrt{\eta_{sp} - \ln \eta_{rel}}$ | 136 | [15] |
| *Solomon, Gotesman* $[\eta] = \frac{\eta_{sp}/c}{1 + 0{,}333\,\eta_{sp}}$ | 131,5 | [16] |
| *Kuwahara* $[\eta] = \frac{1}{4c}(\eta_{sp} + 3 \ln \eta_{rel})$ | 134 | [17] |
| *Blass, Langhammer* $[\eta] = \frac{1}{2c}\left(\eta_{rel} - \frac{1}{\eta_{rel}}\right)$ | 130 | [18] |

Für diese Bereiche gelten die folgenden Funktionen

$$0{,}75 > k_H > 0{,}55 : [\eta] = \frac{\ln \eta_{rel}}{c}, \tag{1}$$

$$0{,}55 > k_H > 0{,}40 : [\eta] = \frac{1}{2}\left(\frac{\ln \eta_{rel}}{c} + \frac{\sqrt{2}}{c}\sqrt{\eta_{rel} - 1 - \ln \eta_{rel}}\right) \tag{2}$$

$$0{,}40 > k_H > 0{,}25 : [\eta] = \frac{\sqrt{2}}{c}\sqrt{\eta_{rel} - 1 - \ln \eta_{rel}}. \tag{3}$$

Bei einem $k_H$ von 0,52 der Polycaprolactamprobe erwies sich die Beziehung (2) recht brauchbar. Wir berechneten $[\eta]$ zu 128 ml g$^{-1}$.

Die von *Ibrahim* und *Elias* vorgeschlagene Untergliederung erscheint recht sinnvoll, wie sich bei einer größeren *Huggins*-Konstante von $k_H = 0{,}71$ zeigte. In diesem Fall ermittelten wir graphisch $[\eta]_H = 80$ ml g$^{-1}$, rechnerisch ergab sich nach Beziehung (2) $[\eta] = 88$ ml g$^{-1}$, nach Beziehung (1) $[\eta] = 83$ ml g$^{-1}$. Die Einpunktformeln von *Ibrahim* und *Elias* eignen sich ohne Zweifel gut für acylierte Polycaprolactame, von denen man weiß (vgl. z. B. [20] und [21]), daß sie auch in phenolischen Lösungsmitteln $k_H$-Werte unter 0,4

*Tabelle 3.* $[\eta]_H$-, $[\eta]_{SB}$-*Werte und* $[\eta]$-*Werte nach Matthes* [22] *für reglerfreie Polycaprolactame in 95,6%iger* $H_2SO_4$ *bei 20 °C*

| Probe | $[\eta]_H$ in ml $g^{-1}$ graph. | rechner.[2] | $[\eta]_{SB}$ in ml $g^{-1}$ graph. | rechner.[2] | $[\eta]$ *Matthes* (0,5 g/dl) |
|---|---|---|---|---|---|
| K 470/1 | 21,9 | 23,2 | 22,0 | 23,4 | 24,0 |
| K 470/2 | 43,2 | 42,6 | 44,0 | 42,9 | 42,8 |
| K 470/5 | 76,5 | 75,8 | 76,8 | 77,5 | 76,0 |
| K 470/7 | 88,2 | 88,0 | 90,2 | 91,3 | 90,8 |
| K 470/9 | 99,5 | 99,6 | 102,8 | 102,9 | 99,6 |
| K 470/11 | 103,8 | 104,5 | 109,0 | 108,9 | 107,2 |
| K 470/14 | 112,5 | 112,8 | 116,6 | 117,7 | 113,6 |
| V 22/4 | 142,0 | 143,0 | 152,0 | 150,6 | 144,8 |
| V 22/6 | 158,0 | 158,8 | 168,0 | 169,2 | 161,2 |
| V 22/8 | 174,0 | 170,5 | 184,0 | 184,1 | 175,9 |
| V 22/10 | 185,0 | 182,2 | 197,0 | 198,3 | 190,0 |
| V 22/12 | 201,5 | 200,9 | 223,0 | 220,9 | 203,6 |

[2]) Vgl. Tabelle 1

haben. Wird als weiterer Bestimmungswert für die Einpunktbeziehung $k_H$ benötigt, wie beispielsweise für reglerfreie Polyamide in phenolischen Lösungsmitteln, dann erübrigen sich natürlich alle „Bereichsformeln".

In 95,6%iger $H_2SO_4$ sind auch reglerfreie Polycaprolactame, und zwar unabhängig von ihrem $\bar{P}_n$ bis herunter zu $[\eta] \sim 20$ ml $g^{-1}$, assoziationsfrei ($k_H = 0{,}23 \cdots 0{,}25$).

Aus Tabelle 3 ist zu ersehen, daß man $\eta_{rel}$-Werte solcher Polyamidlösungen nach der klassischen Einpunktformel von *Matthes* [22]

$$[\eta] = \frac{2}{c}\left(\sqrt{\eta_{rel}} - 1\right)$$

in zuverlässige $[\eta]$-Werte umrechnen kann. Einzelne Abweichungen in der Tabelle mögen durch die unvermeidliche makroskopische Uneinheitlichkeit unserer Laborautoklaven-Granulate bedingt sein.

Wir danken Frau *M. Beduhn*, Frl. *B. Binder*, Frau *C. Bischoff* und Herrn *J. Moskalenko* für Mithilfe bei den Experimental- und Rechenarbeiten. Für die Herstellung der Proben bedanken wir uns bei Herrn Dr. *K. Dietrich* und seinen Mitarbeitern.

*Literatur*

[1] *Huggins, M.:* The viscosity of dilute solutions of long-chain molecules. IV. Dependence on concentration. J. amer. chem. Soc. **64** (1942) S. 2716–2718.

[2] *Schulz, G. V.*, und *Blaschke, F.:* Eine Gleichung zur Berechnung der Viskositätszahl für sehr kleine Konzentrationen. J. prakt. Chemie **158** (1941) S. 130–135; **159** (1941) S. 146–154.

[3] *Krejsa, J.:* Beitrag zur Bestimmung von Grenzviskositätszahlen aus einer einzigen Messung. Coll. czechoslov. chem. Commun. **25** (1960) S. 1507–1510.

[4] *Martin, A. F.:* Amer. chem. Soc. Meeting, Memphis, April 1962.

[5] *Kraemer, E. O.:* Molecular weights of celluloses and cellulose derivates. Ind. engng. Chem. **30** (1938) S. 1200 bis 1203.

[6] *Hoffmann, H.:* Über die Konzentrationsabhängigkeit der Viskosität von Lösungen unverzweigter und verzweigter Fadenmoleküle. Makromol. Chemie **24** (1957) S. 222–244.

[7] *Marx-Figini, M.:* Zur Frage der Ermittlung von $[\eta]$ nach verschiedenen Extrapolationsmethoden. Makromol. Chemie **36** (1960) S. 220–231.

[8] *Heller, W.:* Treatment of viscosity data on polymer solutions. I. Intrinsic viscosity and limiting slope constants. J. colloid. Sci. **9** (1954) S. 547–573.

[9] *Opitz, G.*, und *Grohn, H.:* Über den Einfluß des Lösungsmittels auf den mechanochemischen Rührabbau von Polymethakrylsäuremethylester. Plaste u. Kautschuk **11** (1964) S. 717–720.

[10] *Willert, E., Berger, R.*, und *Langhammer, G.:* Gegenüberstellung verschiedener Viskositäts-Konzentrationsbeziehungen an Hand von Messungen am System Hochdruckpolyäthylen-Tetralin bei niedrigen Konzentrationen. Plaste u. Kautschuk **14** (1967) S. 303–309.

[11] *Glöckner, G., Linow, K.-J.*, und *Philipp, B.:* Zur Interpretation der Viskositäts/Konzentrations-Beziehung nach *Schulz* und *Blaschke*. Faserforsch. u. Textiltechnik **19** (1968) 3, S. 120–124.

[12] *Einstein, A.:* Eine neue Bestimmung der Moleküldimensionen. Ann. Physik **19** (1906) S. 289–306; **34** (1911) S. 591–592.

[13] *Linow, K.-J.*, und *Philipp, B.:* Zur Bestimmung der Viskositätszahl $[\eta]_{konv}$ für Cellulose in Cuen. Faserforsch. u. Textiltechnik **18** (1967) S. 492–494.

[14] *Philipp, B., Glöckner, G.*, und *Linow, K.-J.:* Bemerkungen zur Konzentrationsabhängigkeit der Lösungsviskosität von Hochpolymeren auf Grund experimenteller Untersuchungen an Cellulosenitrat und Polycarbonat in verschiedenen Lösungsmitteln. Faserforsch. u. Textiltechnik **18** (1967) 7, S. 311–317.

[15] *Solomon, O. F.*, und *Ciuta, I. Z.:* Bestimmung der Grenzviskosität von Lösungen Polymerer durch eine einfache Viskositätsbestimmung. J. appl. Polymer Sci. **6** (1962) 24, S. 685–686.

[16] *Solomon, O. F.*, und *Gotesman, B. S.:* Zur Berechnung der Viskositätszahl aus Einpunktmessungen. Makromol. Chemie **104** (1967) S. 177–184.

[17] *Kuwahara, N.:* On the polymer-solvent interaction in polymer solutions. J. Polymer Sci., A-1: Polymer Chem. **1** (1963) S. 2395–2406.
*Shroff, R. N.:* Single-point determination of intrinsic-viscosity. J. appl. Polymer Sci. **9** (1965) S. 1547–1551.

[18] *Blass, E.*, und *Langhammer, G.:* Eine einfache Methode zur Berechnung der Grenzviskositätszahl aus Einpunktmessungen. Plaste u. Kautschuk **14** (1967) S. 248.

[19] *Ibrahim, F.*, und *Elias, H.-G.:* Über eine Fehlerquelle bei der Berechnung von *Staudinger*-Indices (Grenzviskositätszahl, intrinsic viscosity). Makromol. Chemie **76** (1964) S. 1–11.

[20] *Šebenda, J.*, und *Kraliček, J.:* On the structure and properties of polyamides. XXVI. Coll. czechoslov. chem. Commun. **31** (1966) S. 2534–2546.

[21] *Rafler, G.*, und *Reinisch, G.:* Viskositätsverhalten von Polycaprolactam in Phenol/Tetrachloräthan-Gemischen. Faserforsch. u. Textiltechnik **21** (1970) 2, S. 91–93.

[22] *Matthes, A.:* Grundlagen einer viskosimetrischen Polymerisationsgradbestimmung und gestaltliche Verhältnisse der Polyamide in Lösung. J. prakt. Chemie 2 **162** (1943) S. 245–278.

*Eingegangen am 29. April 1970*

# Untersuchungen zum Einfluß von Carboxyl- und Carbonylgruppen auf den Verlauf des thermischen und äthanolytischen Abbaus der Cellulose

## 1. Mitt.: Thermischer Abbau von Perjodat/Chlorit-Oxycellulosen

*Burkart Philipp, Dinh van Nghi und Josef Baudisch*

*Deutsche Akademie der Wissenschaften zu Berlin, Institut für Faserstoff-Forschung in Teltow-Seehof*

DK 547.458.81:633.511:677.463:677.062:546.157′33:546.133.3′33:[536.495:542.92]:541.24

Untersucht wurde das thermische Verhalten von Baumwoll-Linters, Cordseide und Viskoseseide, die vor der thermischen Behandlung mit Natriumperjodat und Natriumchlorit zu verschieden hohen Carboxylgehalten oxydiert worden waren. Der thermische Abbau wurde im Stickstoffstrom bei Temperaturen von 140, 170 und 200 °C über verschieden lange Zeiten isotherm ausgeführt. Die Abbaurückstände wurden hinsichtlich der Rückstandsmenge, des DP und des Carboxylgehaltes charakterisiert.

*К вопросу о влиянии карбоксильных и карбонильных групп на процессы термической деструкции и этанолиза целлюлозы*
*I. Сообщ. Термическая деструкция образцов целлюлозы, окисленных периодатом и хлоритом*

Изучен процесс термической деструкции хлопкового делинта, вискозных текстильных и кордных волокон, подвергнутых перед термической обработкой окислению периодатом и хлоритом натрия до различного содержания карбоксильных групп. Термическая деструкция проводилась в изотермических условиях в токе азота при 140, 170 и 200 °C и различной продолжительности. После обработки проводилось определение количества остатка, его СП и содержания карбоксильных групп.

*Investigations on the Effect of Carboxyl and Carbonyl Groups on the Thermal and Ethanolytic Degradation of Cellulose*
*I. Thermal Degradation of Periodate-Chlorite Cellulose*

Cotton linters, cord and viscose multifilament yarn oxidized to various carboxyl content by treatment with sodium periodate and sodium chlorite was subjected to isothermic degradation for different periods under nitrogen at 140, 170 and 200°C. Amount, degree of polymerization and carboxyl content of the residual degradation products were determined.

### 1. *Einführung*

Bei unseren früheren Publikationen [1 bis 5] zum thermischen Abbau der Cellulose im Temperaturbereich zwischen 100 und 300 °C hatten der Einfluß des übermolekularen Faserbaues auf den Abbauverlauf und die Änderung dieser übermolekularen Struktur beim Abbauprozeß im Vordergrund gestanden. Gleichzeitig hatten wir den Carboxylgruppengehalt der Proben verfolgt und hierbei eine verhältnismäßig unübersichtliche Überlagerung von Decarboxylierung und Carboxylgruppen-Neubildung festgestellt [1, 6]. Nachdem durch Ergebnisse u. a. von *Fengel* zum thermischen Abbau carboxylgruppenhaltiger Hemicellulose [7] und durch eigene orientierende Versuche mit Perjodat/Chlorit-Oxycellulosen [4] eine erhebliche Abbaubeschleunigung durch einen hohen Carboxylgruppengehalt nachgewiesen war, erschien uns im Hinblick auf das Gesamtproblem einer Beeinflussung der thermischen Stabilität der Cellulose durch chemische Modifizierung der Cellulosekette (vergl. [8]) eine systematische Untersuchung der Zusammenhänge zwischen Abbauverlauf und Gehalt an funktionellen Gruppen in der Cellulosekette sinnvoll. Wir gingen dabei von nach unterschiedlichen Verfahren hergestellten Oxycellulosen aus und variierten damit Anzahl und Mengenverhältnis der Carboxyl- und Carbonylgruppen im Cellulosepräparat sowie deren Verteilung im Glucosering und — in gewissen Grenzen — auch entlang der Cellulosekette. Da beim thermischen Abbau der Cellulose chemische Vorgänge an der Einzelkette und Änderungen der übermolekularen Struktur eng miteinander verknüpft sind und der Abbauverlauf durch eine rein chemische Betrachtungsweise allein offensichtlich nicht verstanden und gedeutet werden kann, führten wir die Oxydation und den anschließenden Abbau stets parallel an Ausgangsproben sehr unterschiedlicher übermolekularer Struktur (Baumwolle — Viskoseseide — Supercordseide) durch und verglichen außerdem den thermischen und äthanolytischen Abbau bei den verschiedenen Oxycellulosen (vgl. [2, 3, 4, 6]). Im folgenden soll zunächst über Ergebnisse zum thermischen Abbau von Perjodat/Chlorit-Oxycellulose unterschiedlichen Carboxylgehaltes berichtet werden.

### 2. *Angaben zur Versuchsmethodik*

#### 2.1. *Ausgangsproben*

Die für die folgenden Betrachtungen interessierenden Analysendaten unserer Ausgangsproben, nämlich gebeuchter und gebleichter Baumwoll-Linters („BwL") zur Acetylierung, einer normalen Viskoseseide („NVS") und einer Super-II-Cordseide („CS") sind in Tabelle 1 zusammengefaßt.

#### 2.2. *Durchführung der Oxydation und Charakterisierung der Oxycellulose*

Zur Herstellung der Perjodat/Chlorit-Oxycellulosen in Anlehnung an eine Vorschrift von *Nevell* [9] wurden 10 g des trocken zerfaserten Ausgangsmaterials mit 1 l 0,1 n Na-Perjodatlösung (pH = 4,1) bei Raumtemperatur während unterschiedlich langer Zeiten oxydiert, mit dest. $H_2O$ neutral gewaschen, an der Luft getrocknet und zur Weiteroxydation

*Tabelle 1. Analysendaten der Ausgangsproben*

| | BWL | NVS | CS |
|---|---|---|---|
| Cuoxam-DP nach *Doering* | 1810 | 290 | 405 |
| $H_2O$-Dampfsorption in % bei 20 °C und 65% rel. Feuchte | 7,0 | 12,7 | 14,1 |
| mmol COOH/kg Cellulose | 8,0 | 37,0 | 35,0 |
| mmol CO/kg Cellulose | 0,24 | 2,0 | — |

der Aldehydgruppen während 24 h bei Raumtemperatur unter gelegentlichem Rühren mit einer Lösung von 40 g $NaClO_2$ und 120 g Eisessig in 1 l $H_2O$ behandelt, dann auf einer Glasfritte neutralgewaschen, mit eiskalter 0,2 n HCl nachgewaschen, wieder neutral gewaschen und bei Raumtemperatur an der Luft getrocknet. Maximale Carboxylgehalte bis zu $>$ 1900 mmol/kg Cellulose — entsprechend Carboxyl-$\gamma$-Werten von etwa 30 — wurden bei Oxydationszeiten von etwa 24 h für die Perjodatstufe erhalten. Bei noch längeren Oxydationszeiten war der Oxydationsgrad des fertigen Präparats rückläufig, offenbar infolge Inlösunggehens hochoxydierter, weit abgebauter Anteile. Auch bei Umsetzung zu niedrigeren Oxydationsgraden trat stets ein erheblicher Kettenabbau ein. So betrug der Cuoxam-DP für Baumwoll-Linters bei $\sim$100 mmol COOH/kg Cell. ca. 1000, bei 500 m mol COOH/kg Cell. ca. 500 und bei etwa 1500 mmol COOH/kg Cell. ca. 150. Zur Charakterisierung unserer Oxycellulosepräparate dienten der nach einer modifizierten *Doering*-Methode [10] bestimmte Cuoxam-DP, der nach einer abgewandelten Methylenblau-Methode [11] nach *Davidson* ermittelte Carboxylgehalt sowie in manchen Fällen der Gehalt an Aldehyd- und Ketogruppen, den wir durch Oximierung mit anschließender kolorimetrischer Stickstoffbestimmung im oximierten Produkt nach *Kjeldahl*aufschluß erhielten (vgl. [12]).

### 2.2. *Durchführung des thermischen Abbaus und Charakterisierung der Abbaurückstände*

Der thermische Abbau der Celluloseproben unterschiedlichen Carboxylgehaltes (10 bis ca. 1500 mmol COOH/kg Cellulose) erfolgte in der bereits früher von uns beschriebenen Weise [2, 3] in einem Röhrenofen unter einem langsamen Strom (ca. 5 l/min) von Reinststickstoff während 1 bis 50 h bei den Temperaturstufen 140, 170 und 200°C, wobei wir jeweils 2 bis 5 g des zu Watte zerkleinerten lufttrockenen Probenmaterials einsetzten. Zur Charakterisierung der Abbaurückstände dienten die auf die [atro]Einwaage bezogenen prozentualen Rückstandsmengen, der Cuoxam-DP sowie der Carboxyl- und in einigen Fällen der Carbonylgruppengehalt, wobei in den folgenden Tabellen und Bildern stets die Mittelwerte von Doppelbestimmungen angegeben sind.

## 3. *Versuchsergebnisse und ihre Auswertung*

### 3.1. *Charakterisierung der Oxycellulosen*

Einen Überblick über die von uns für Abbauversuche herangezogenen Oxycellulosen gibt Tabelle 2, wobei die Ausgangspräparate zum Vergleich mit aufgeführt sind.

*Tabelle 2. Analysendaten der zum thermischen Abbau* eingesetzten Proben

| Baumwoll-Linters | | | Viskoseseide | | | Cordseide | |
|---|---|---|---|---|---|---|---|
| DP | COOH mmol/kg | CO mmol/kg | DP | COOH mmol/kg | CO mmol/kg | DP | COOH mmol/kg |
| 1810 | 8 | 0,2 | 288 | 38 | 2 | 405 | 28 |
| 1035 | 63 | | | | | | |
| 1295 | 110 | | | | | | |
| 1050 | 138 | 1,5 | | | | | |
| 920 | 165 | | | | | | |
| 896 | 169 | 5,7 | 239 | 378 | | 350 | 353 |
| 552 | 565 | | 103 | 518 | 42 | | |
| 207 | 1435 | | | | | | |
| 147 | 1442 | | 135 | 1569 | | 189 | 1641 |

Während bei geringen Oxydationsgraden praktisch nur Carboxylgruppen als neue funktionelle Gruppen im Makromolekül vorliegen, steigt mit zunehmender Oxydation auch der Carbonylgehalt absolut und relativ gegenüber dem COOH-Gehalt stark an. Bei den folgenden Überlegungen sollen Änderungen des DP und des Carboxylgehaltes im Vordergrund stehen. Der Einfluß des Carbonylgruppengehaltes auf den thermischen und hydrolytischen Abbau wird in einer späteren Mitteilung zusammenfassend diskutiert, so daß hier nur bei einigen Versuchsreihen die Änderung des $>$C=O-Gruppengehaltes beim thermischen Abbau mit erwähnt werden soll.

### 3.2. *DP-Verlauf nach thermischem Abbau*

Systematische Untersuchungen zur DP-Änderung nach thermischer Behandlung bestätigen in allen Fällen eine wesentlich rascher verlaufende Kettenspaltung bei Perjodat/Chlorit-oxydierten Präparaten im Vergleich zur Ausgangsprobe. Im Hinblick auf den unterschiedlichen Ausgangs-DP unserer Oxycellulosen erscheint es zweckmäßig, für die folgenden Betrachtungen nicht vom DP selbst, sondern vom Spaltungsgrad $S = 1/DP$ bzw. seiner Änderung $\Delta S$ während einer bestimmten Abbaudauer auszugehen. Wie Bild 1 für verschiedene Linterspräparate zeigt, führt eine Beladung der Cellulosekette mit Carboxylgruppen zugleich zu einer Änderung im Zeitgesetz des thermischen Abbaus; während für nichtoxydierte Linters in Übereinstimmung mit früheren Beobachtungen [2] der thermische Abbau unter trockenem Stickstoff bei Temperaturen bis zu $\sim$170°C auch für lange Abbaudauer durch ein Zeitgesetz nullter Ordnung $\Delta S = k\,\Delta t$ erfaßt werden konnte, das einer statistischen Kettenspaltung entspricht, finden wir für

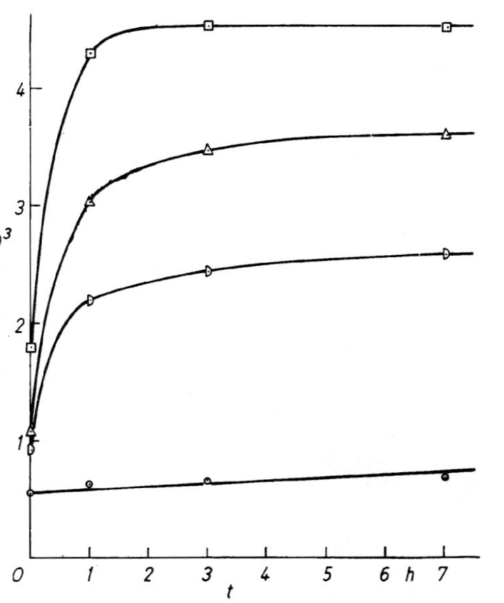


Bild 1. Spaltungsgrad-Verlauf nach thermischem Abbau bei 140°C von nichtoxydierten und oxydierten nativen Baumwoll-Linters nach verschiedenen Zeiten unter Stickstoff

□ — □ oxydierte BwL (DP = 552)
△ — △ oxydierte BwL (DP = 920)
D — D oxydierte BwL (DP = 1035)
○ — ○ nichtoxydierte BwL (DP = 1809)

*Tabelle 3. $\Delta S_1$ für Linterspräparate unterschiedlichen Carboxylgruppengehaltes bei verschiedener Abbautemperatur*

| mmol COOH / kg Cell. im Präparat | $\Delta S_1 \cdot 10^3$ 140 °C | $\Delta S_1 \cdot 10^3$ 170 °C | $\Delta S_1 \cdot 10^3$ 200 °C |
|---|---|---|---|
| 8 | 0,08 | 0,19 | 0,75 |
| 56···71 | — | 1,60···1,80 | — |
| 63 | 1,28 | 2,00 | 2.42 |
| 110 | — | 2,52 | 4,45 |
| 138 | — | 2,84 | — |
| 165 | 1,97 | 2,71 | 3,73 |
| 169 | — | 2,82 | — |
| 565 | 2,50 | 2,54 | 3,40 |
| 1442 | — | 0,61 | 1,82 |

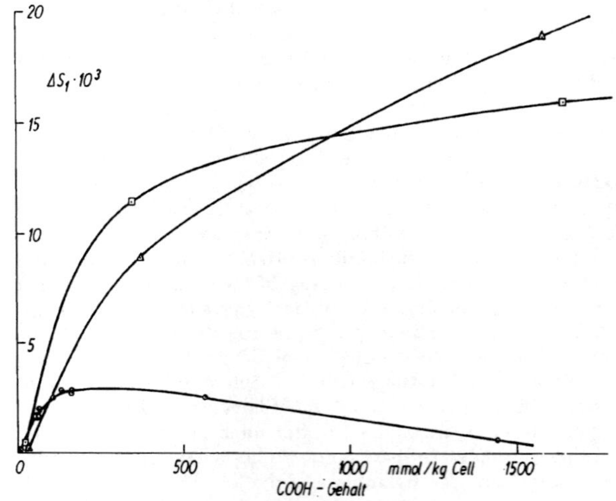


Bild 2. Zusammenhang zwischen $\Delta S_1$ und Carboxylgruppengehalt für oxydierte Baumwoll-Linters, Cordseide und Normalviskoseseide bei einer Abbautemperatur von 170 °C unter Stickstoff

o — o Baumwollinters
□ — □ Cordseide
△ — △ Normalviskoseseide

die Oxycellulosen nach einer starken Spaltungsgradzunahme während der ersten Stunde Abbauzeit ein deutliches Abflachen des Kurvenverlaufs, wobei der Richtungsfaktor zwischen 3 und 7 h Abbauzeit größenordnungsmäßig dem der Abbaugeraden der nichtoxydierten Ausgangsprobe entspricht. Als willkürlich gewählte Kenngröße für die Anfangsgeschwindigkeit des Abbaus zogen wir die Spaltungsgradzunahme $\Delta S_1$ während der ersten Stunde Abbaudauer heran (Tabelle 3), die nur im Falle der nichtoxydierten Proben mit der in $h^{-1}$ angegebenen Geschwindigkeitskonstanten $k$ des Abbauvorganges identisch ist, da nur hier das Zeitgesetz nullter Ordnung über lange Abbauzeiten erfüllt war.

Mit steigendem Carboxylgehalt nimmt $\Delta S_1$ bei gegebener Abbautemperatur zunächst erwartungsgemäß zu, durchläuft dann bei COOH-Gehalten zwischen etwa 200 und 500 mmol/kg für die Abbaustufen „170 °C" und „200 °C" ein Maximum und fällt für sehr hoch oxydierte Proben mit allerdings schon recht niedrigem Ausgangs-DP wieder ab. Der Einfluß schon eines relativ geringen COOH-Gehaltes von beispielsweise ~60 mmol/kg auf die Abbaugeschwindigkeit ist am größten bei niedriger Abbautemperatur, indem $\Delta S_1$ bei 140 °C auf etwa das Zwanzigfache gegenüber dem nichtoxydierten Ausgangspräparat, bei 200 °C dagegen nur auf das Dreifache ansteigt. Schon eine relativ geringe Erhöhung des Carboxylgruppengehaltes durch vorherige Oxydation führt offensichtlich zu einer deutlichen Verringerung der Aktivierungsenergie für das Anfangsstadium des thermischen Abbaus. Bereits für im Zuge von Bleichprozessen durchaus erreichbare Carboxylgruppengehalte ist also gerade bei relativ niedrigen Temperaturen im Bereich zwischen 100 und 150°C ein besonders starker Einfluß auf den Kettenabbau nach kurzer Schädigungsdauer zu erwarten, wobei allerdings, wie in einer späteren Mitteilung [13] gezeigt wird, Stellung und Verteilung der COOH-Gruppen eine erhebliche Rolle spielen. Bei Gegenüberstellung von Perjodat/Chlorit-Oxycellu-

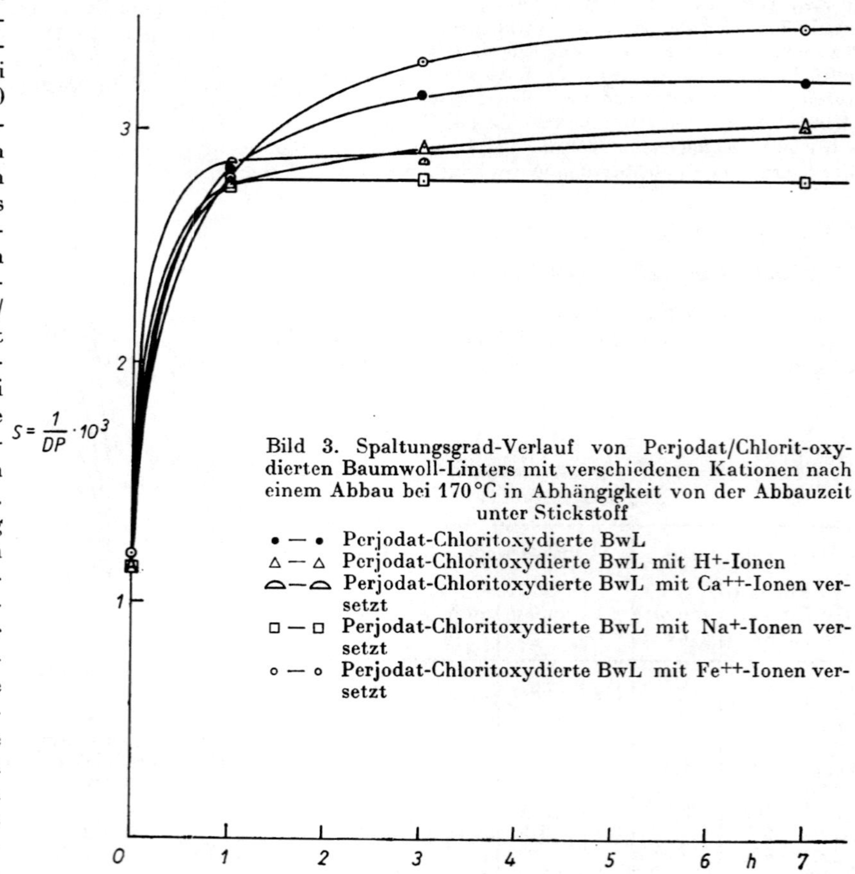


Bild 3. Spaltungsgrad-Verlauf von Perjodat/Chlorit-oxydierten Baumwoll-Linters mit verschiedenen Kationen nach einem Abbau bei 170 °C in Abhängigkeit von der Abbauzeit unter Stickstoff

• — • Perjodat-Chloritoxydierte BwL
△ — △ Perjodat-Chloritoxydierte BwL mit $H^+$-Ionen
⌓ — ⌓ Perjodat-Chloritoxydierte BwL mit $Ca^{++}$-Ionen versetzt
□ — □ Perjodat-Chloritoxydierte BwL mit $Na^+$-Ionen versetzt
o — o Perjodat-Chloritoxydierte BwL mit $Fe^{++}$-Ionen versetzt

losen aus Linters einerseits, Viskoseseide und Cordseide andererseits ergibt sich ein prinzipiell gleichartiger Verlauf der Abbaukurven und ein etwa gleich großer Einfluß des Carboxylgehalts auf $\Delta S_1$ bis zu COOH-Gehalten von etwa 500 mmol/kg, während für sehr hoch oxydierte Regeneratfaserpräparate im Gegensatz zu solchen aus Linters $\Delta S_1$ nicht abfällt, sondern weiter ansteigt (Bild 2). Die Ursache hierfür sehen wir vor allem in einer unterschiedlichen Verteilung der den Abbau fördernden Carboxylgruppen auf die Bereiche hohen und niedrigen Ordnungsgrades. Nach unseren früheren Ergebnissen [14] ließ sich die übermolekulare Struktur der Linters weitaus besser durch ein „Zweiphasen-Modell" wiedergeben als die einer Regeneratfaser, in der eher ein „kontinuierliches Ordnungsspektrum" vorliegt, und es ist somit auch bei den Oxycellulosen im Falle des Linterspräparates eine Lokalisierung der Carboxylgruppen in den wenig geordneten Bereichen, für die Regeneratfasern dagegen eine ziemlich gleichmäßige Verteilung über die ganze Faserstruktur zu erwarten. Maßgebend für die Abbaugeschwindigkeit im Anfangsstadium ist offensichtlich nur Anzahl und Verteilung der Carboxylgruppen, nicht aber nach den in Bild 3 dargestellten Ergebnissen für ein schwach oxydiertes Linterspräparat die Art des Kations, indem für freie in der H-Form vorliegende Carboxylgruppen praktisch der gleiche $\Delta S_1$-Wert erhalten wird, wie für das gleiche Präparat nach Versalzung mit verschiedenen Kationen. Erst in späteren, langsamer verlaufenden Abbaustadien fächern die Kurven merklich auf, wobei die geringste Abbaugeschwindigkeit für das $Na^+$-Kation, die größte nach Versalzung mit Fe(II)-Ionen gefunden wird.

### *3.3. Änderung des Carboxylgruppengehaltes beim thermischen Abbau*

Wie die in den Bildern 4a bis 4c und 5 zusammengestellten und für unser gesamtes Versuchsmaterial typischen

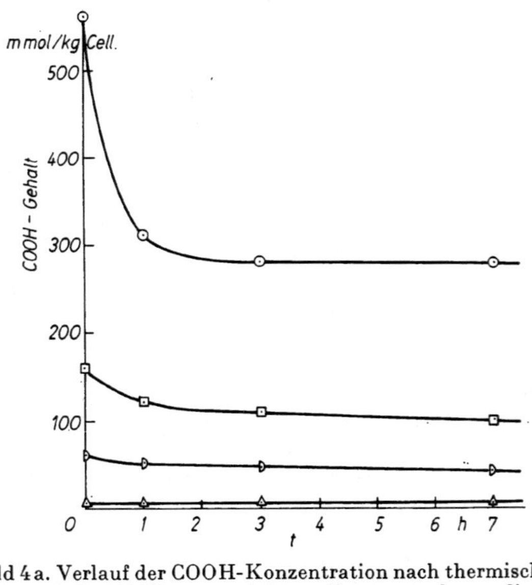


Bild 4a. Verlauf der COOH-Konzentration nach thermischem Abbau bei 140°C von nichtoxydierten und oxydierten nativen Baumwoll-Linters nach verschiedenen Zeiten unter Stickstoff

△ — △ BwL (COOH = 8 mmol/kg)
D — D oxydierte BwL (COOH = 63 mmol/kg)
□ — □ oxydierte BwL (COOH = 165 mmol/kg)
○ — ○ oxydierte BwL (COOH = 565 mmol/kg)

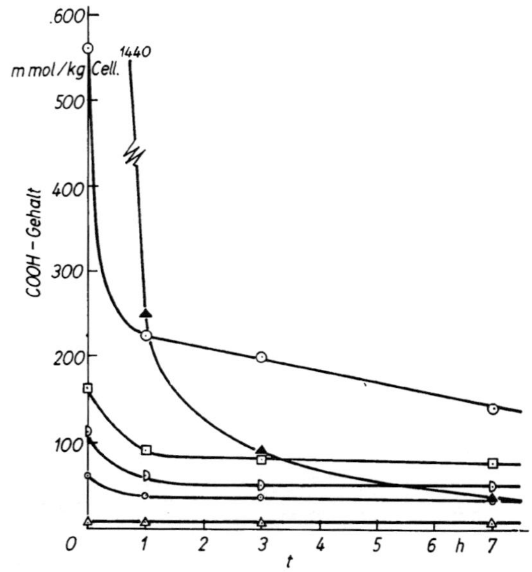


Bild 4b. Verlauf der COOH-Konzentration nach thermischem Abbau bei 170°C von nichtoxydierten und oxydierten nativen Baumwoll-Linters nach verschiedenen Zeiten unter Stickstoff

△ — △ BwL (COOH = 8 mmol/kg)
○ — ○ oxydierte BwL (COOH = 63 mmol/kg)
D — D oxydierte BwL (COOH = 110 mmol/kg)
□ — □ oxydierte BwL (COOH = 165 mmol/kg)
○ — ○ oxydierte BwL (COOH = 565 mmol/kg)
▲ — ▲ oxydierte BwL (COOH = 1442 mmol/kg)

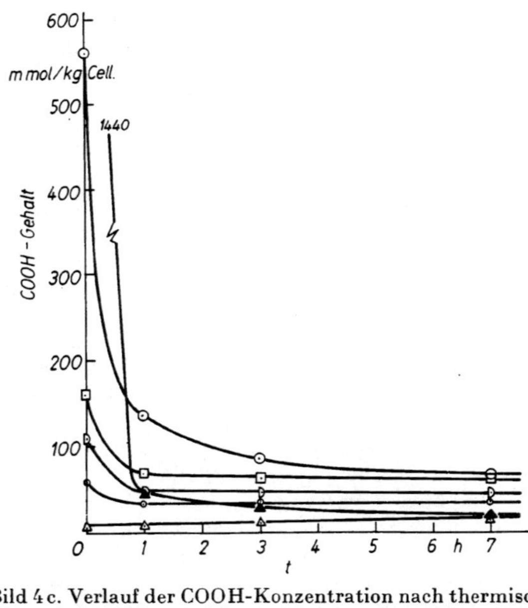


Bild 4c. Verlauf der COOH-Konzentration nach thermischem Abbau bei 200°C von nichtoxydierten und oxydierten nativen Baumwoll-Linters nach verschiedenen Zeiten unter Stickstoff

△ — △ BwL (COOH = 8 mmol/kg)
○ — ○ oxydierte BwL (COOH = 63 mmol/kg)
△ — D oxydierte BwL (COOH = 110 mmol/kg)
□ — □ oxydierte BwL (COOH = 165 mmol/kg)
○ — ○ oxydierte BwL (COOH = 565 mmol/kg)
▲ — ▲ oxydierte BwL (COOH = 1442 mmol/kg)

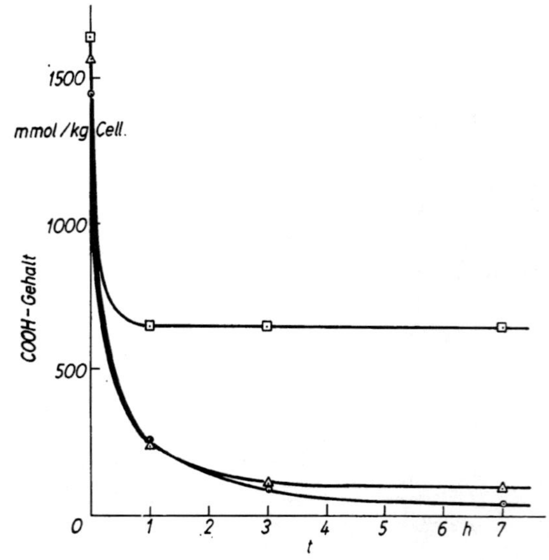


Bild 5. Verlauf der COOH-Konzentration nach thermischem Abbau bei 170 °C von oxydierten Baumwoll-Linters, Normalviskoseseide und Cordseide nach verschiedenen Zeiten unter Stickstoff
○ — ○ oxydierte BwL (COOH = 1442 mmol/kg)
△ — △ oxydierte NVS (COOH = 1569 mmol/kg)
□ — □ oxydierte CS (COOH = 1641 mmol/kg)

Beispiele zeigen, nimmt bei thermischer Behandlung von Perjodat/Chlorit-Oxycellulosen unter trockenem $N_2$ im Temperaturbereich zwischen 140 und 200°C der Carboxylgruppengehalt zunächst steil, dann langsamer ab, um dann bei den meisten Proben schon zwischen 3 und 7 h Abbaudauer einen annähernd konstanten Wert zu erreichen. Die bekannte Zunahme des Carboxylgruppengehaltes mit fortschreitender Abbaudauer (vgl. [15]), die sich auch bei unseren nichtoxydierten Ausgangsproben bestätigte, wurde nur im Falle einer auf 350 mmol COOH/kg oxydierten und dann bei 200 °C behandelten Cordseide nach längerer Abbaudauer beobachtet, während nach 1 h Abbau auch hier die Carboxylgruppenabspaltung überwog. Der nach 7 h Abbauzeit im Präparat noch vorhandene Carboxylgruppengehalt hing ab vom Ausgangsgehalt an COOH-Gruppen sowie von der Abbautemperatur. Mit steigender Temperatur erfolgte die Abspaltung rascher, und der bei nicht zu hoch oxydierten Produkten nach 7 h erreichte „Endwert" verringerte sich, lag aber stets noch beträchtlich über dem unter gleichen Abbaubedingungen erreichten Carboxylgruppengehalt des nichtoxydierten Ausgangsproduktes. Für Carboxylgruppengehalte bis zu etwa 500 mmol/kg blieb die „Rangordnung" der Proben auch nach 7 h Abbau erhalten. Die Unterschiede zwischen Proben verschiedenen Ausgangscarboxylgruppengehaltes verringerten sich jedoch erheblich; daß heißt bei höher oxydierten Proben sank der Carboxylgruppengehalt prozentual stärker ab als bei schwach oxydierten. Bei Erhöhung des Carboxylgruppengehaltes von Linters-Oxycellulose über ca. 500 mmol/kg hinaus ändert sich der Verlauf der Abspaltungskurven, indem bis zu >95% der ursprünglich vorhandenen Carboxylgruppen entfernt werden und auch nach 7 h Abbau bei 200 °C noch kein „Endwert" zu erkennen ist. Gerade bei solchen hochoxydierten Präparaten zeigt sich wieder ein deutlicher Einfluß der übermolekularen Struktur auf den zeitlichen Verlauf der Abspaltung von —COOH-Gruppen (Bild 5), indem bei Oxycellulosen aus Regeneratfasern nach Abbau bis 170°C durchaus ein „Endwert" erreicht wird und bei einem sehr hoch oxydierten Cordseidenpräparat der Restcarboxylgruppengehalt noch etwa 35% des Ausgangswertes beträgt im Gegensatz zu etwa 3% bei einem vergleichbaren Linterspräparat. Die Ursache dieser Unterschiede sehen wir wiederum in einer viel gleichmäßigeren Verteilung der Carboxylgruppen in Oxycellulosen aus Regeneratfasern im Vergleich zu solchen aus Baumwolle, bei der ein verhältnismäßig kleiner ungeordneter Anteil sehr hoch aufoxydiert werden muß, um entsprechend hohe Brutto-Carboxylgruppengehalte zu erreichen. Ähnlich wie der Kettenabbau wurde auch der Verlauf der Carboxylgruppenabspaltung durch den Versalzungsgrad der Carboxylgruppen und die Art des Kations nur wenig beeinflußt. Der Carboxylgruppengehalt sowohl der Ausgangsproben als auch einiger daraus hergestellter Perjodat/Chlorit-Oxycellulosen stieg beim thermischen Abbau erwartungsgemäß an (Tabelle 4).

*Tabelle 4. DP und Carbonylgruppengehalt einiger Cellulosepräparate nach thermischem Abbau* (*Abbautemperatur:* 170°C)

| Präparate | Abbauzeit | DP | mmol CO/kg Cell. |
|---|---|---|---|
| Linters, nicht oxydiert | 0 | 1150 | 0,2 |
| Linters, nicht oxydiert | 7 | 914 | 0,5 |
| Linters, nicht oxydiert | 50 | 311 | 2,2 |
| Linters-Oxycellulose 169 mmol COOH/kg | 0 | 896 | 5,7 |
| Linters-Oxycellulose 169 mmol COOH/kg | 1 | 254 | 23 |
| Linters-Oxycellulose 169 mmol COOH /kg | 7 | 236 | 25 |
| Viskoseseide, nicht oxydiert | 0 | 288 | 2,0 |
| Viskoseseide, nicht oxydiert | 1 | 266 | 4,2 |
| Viskoseseide, nicht oxydiert | 7 | 240 | 16 |
| Oxycellulose aus Viskoseseide 518 mmol COOH/kg | 0 | 103 | 43 |
| Oxycellulose aus Viskoseseide 518 mmol COOH/kg | 7 | 40 | 120 |

Die in Tabelle 4 nur auszugsweise wiedergegebene Meßreihe weist für nicht oxydierte Linters auf eine annähernd lineare Zunahme des Carbonylgruppengehaltes hin, während bei einer nichtoxydierten Viskoseseide der Anstieg des Carbonylgruppengehaltes wesentlich steiler ist, allerdings in einem nicht direkt vergleichbaren, niedrigeren DP-Bereich. Für annähernd gleich hohe DP-Werte ergibt sich bei Gegenüberstellung von Linters-Oxycellulose und nichtoxydierter Viskoseseide für erstere eine etwas stärkere Zunahme des Carbonylgruppengehaltes beim thermischen Abbau.

### 4. *Zusammenfassung und Schlußfolgerungen*

Charakteristisch für den thermischen Abbau von Perjodat/Chlorit-Oxycellulose im Temperaturbereich bis 200 °C unter trockenem Stickstoff ist ein rasch verlaufendes Anfangsstadium der Kettenspaltung wie auch der Decarboxylierung, unabhängig davon, ob die Carboxylgruppen in freiem Zustande (H-Form) oder mit unterschiedlichen Kationen versalzt vorliegen. Daß nicht allein die Zahl der Carboxylgruppen, sondern vor allem ihre Stellung im Glucosering den Abbauverlauf beeinflußt, geht bereits aus einem Vergleich unserer nichtoxydierten Viskoseseide mit ca. 40 mmol COOH/kg (langsamer Abbau, konstante allmähliche Zunahme des COOH-Gehaltes während des Abbaus) mit schwach oxydierten Perjodat/Chlorit-Oxycellulosen aus Linters mit 50 bis 60 mmol COOH/kg (rasches Anfangsstadium des Abbaus, signifikante Abnahme des COOH-Gehaltes) hervor und wird in unserer folgenden Mitteilung anhand verschiedenartig hergestellter Oxycellulosen ausführlicher behandelt werden. Für die überwiegend Dicarboxylgruppierungen in $C_2$—$C_3$-Stellung enthaltenden Perjodat/Chlorit-Oxycellulosen ist offensichtlich eine bevorzugte Kettenspaltung an den bereits bei der Oxydation geöffneten Glucoseringen unter Bildung flüchtiger und/oder wasserlöslicher niedermolekularer Bruchstücke anzunehmen, so daß die rasche Anfangsphase der Kettenspaltung wie der Carboxylgruppenentfernung weitgehend synchron verlaufen. Der Einfluß der übermolekularen Struktur der Ausgangsprobe auf den Verlauf eines thermischen Abbaus bleibt auch nach vorheriger Oxydation mit Perjodat/Chlorit erhalten und tritt gerade bei hoch oxydierten Präparaten sehr deutlich in Erscheinung, indem oxydierte Regeneratfaserproben bei thermischer Belastung wesentlich durchgreifender abgebaut werden als solche aus Baumwollcellulosen. Die Ursache hierfür sehen wir einmal in einer stärkeren „Strukturauflockerung" während des Oxydationsprozesses, zum anderen in einer gleichmäßigeren Verteilung der abbauempfindlichen Dicarboxylgruppierungen über die gesamte Faserstruktur.

*Literatur*

[1] *Philipp, B.*, und *Baudisch, J.:* Strukturuntersuchungen an Celluloseregeneratfäden mit chemischen Accessibilitätsmethoden.
4. Mitt.: Änderung der Struktur von Cordreyonfäden durch thermische Schädigung. Faserforsch. u. Textiltechnik **16** (1965) 9, S. 449—456.

[2] *Philipp, B., Baudisch, J.*, und *Gaudig, A.:* Strukturuntersuchungen an Celluloseregeneratfäden mit chemischen Accessibilitätsmethoden.
5. Mitt.: Einfluß der übermolekularen Faserstruktur auf den thermischen Abbau von Cellulose in einer trockenen Stickstoffatmosphäre. Faserforsch. u. Textiltechnik **18** (1967) 1, S. 9—17.

[3] *Philipp, B., Baudisch, J.*, und *Klugmann, H.:* Strukturuntersuchungen an Celluloseregeneratfäden mit chemischen Accessibilitätsmethoden.
7. Mitt.: Einfluß der übermolekularen Faserstruktur auf den thermischen Abbau der Cellulose in einer Stickstoffatmosphäre in Gegenwart von Wasserdampf bzw. Glycerin. Faserforsch. u. Textiltechnik **18** (1967) 10, S. 461—469.

[4] *Philipp, B.*, und *Baudisch, J.:* Untersuchungen zum thermischen Abbau der Cellulose im Hinblick auf chemische und strukturelle Änderungen im Cellulosepräparat. Paperi ja Puu **51** (1969) 11, S. 813—821.

[5] *Philipp, B., Baudisch, J.*, und *Ruscher, Ch.:* Influence of the supramolecular structure on structural and chemical changes in the thermal degradation of cellulose fibers. Tappi, New York **52** (1969) 4, S. 693—698.

[6] *Philipp, B.*, und *Baudisch, J.:* Chemische Veränderungen in der Cellulosekette infolge eines thermischen bzw. äthanolytischen Abbaus. Cellulose Chem. Technology, Jassy/Rum. **3** (1969) 1, S. 33—45.

[7] *Kollmann, F.*, und *Fengel, D.:* Änderungen der chemischen Zusammensetzung von Holz durch thermische Behandlung. Holz, Roh- u. Werkstoff **23** (1965) S. 461 bis 468.

[8] *Miller, B.:* Thermoanalytical studies on the durable-press curing of cellulose. Part I. The thermal behavior of trimethylolmelamine-carbohydrate mixtures. Part II. The effect of nitrate salts on the thermal behavior of cotton. Textile Res. J. **38** (1968) 1, S. 1—6; 4, S. 395—400.

[9] *Nevell, T. P.:* Oxidation. Meth. Carboh. Chem. Vol. III, S. 164—184. New York: Academic Press 1963.

[10] *Doering, H.:* Zur Bestimmung des Durchschnittspolymerisationsgrades von Zellstoffen in der Betriebskontrolle. Papier **8** (1954) 17/18, S. 343—387.

[11] *Philipp, B., Rehder, W.*, und *Lang, H.:* Zur Carboxylbestimmung in Chemiezellstoffen. Papier **19** (1965) 1, S. 1—9.

[12] *Zwahlen, K., Jonsson, K.*, und *Gasche, U.:* Zur Bestimmung der Carbonylgruppen in Zellstoffen. Firmenmitteilung der Attisholz AG vormals Dr. B. Sieber.

[13] *Philipp, B., v. Nghi, D.*, und *Baudisch, J.:* Untersuchungen zum Einfluß von Carboxyl- und Carbonylgruppen auf den Verlauf des thermischen und äthanolytischen Abbaus der Cellulose. 2. Mitt.: Thermischer Abbau verschiedenartig hergestellter Oxycellulosen. Faserforsch. u. Textiltechnik **21** (1970) 11, im Druck.

[14] *Baudisch, J., Dechant, J., v. Nghi, D., Philipp, B.*, und *Ruscher, Ch.:* Untersuchungen zur Änderung der übermolekularen Struktur von Cellulose beim äthanolytischen und hydrolytischen Abbau. Faserforsch. u. Textiltechnik **19** (1968) 2, S. 62—68.

[15] *Sandermann, W.*, und *Augustin, H.:* Chemische Untersuchungen über die thermische Zersetzung von Holz 3. Mitt.: Chemische Untersuchung des Zersetzungsablaufes. Holz, Roh- und Werkstoff **22** (1964) S. 377 bis 386.

*Eingegangen am 15. Juni 1970*

Faserforschung und Textiltechnik 21 (1970) Heft 10
422



# Über das Verhalten von Modalfasern bei Alkalisierung

*Luigi Szegö*

*Chatillon S. p. A., Mailand/Italien*

DK 677.463.061.71:[677.021.125.52:546.33-36]:677.017.424.2

Fäden aus Modalfasern, d. h. Polynosics und HWM-Fasern, zeigen beim Alkalisieren mit 5 bzw. 23,5%iger Natronlauge in relaxiertem Zustand verschieden starke Festigkeitsverluste, die bei HWM-Fasern eindeutig höher liegen als bei Polynosics. Wird die alkalische Behandlung unter Spannung ausgeführt, so ist der Festigkeitsverlust der HWM-Fäden verhältnismäßig gering, so daß der Unterschied zwischen den beiden Fasertypen praktisch verschwindet.

*Об изменении свойств модальных волокон при мерсеризации*

У полинозных и высокомодульных волокон при мерсеризации в отрелаксированном состоянии в 5 или 23,5%-ной щелочи наблюдается снижение прочности в различной степени, причем в случае высокомодульных волокон оно более ярко выражено, чем у полинозных волокон. При мерсеризации под натяжением потеря прочности высокомодульных волокон относительно невелика, так что различие между обоими типами волокон практически исчезает.

*Behaviour of High Modulus Fibres on Alkaline Treatment*

Alkaline treatment of high relaxed modulus filament yarns with 5% and 23,5% aqueous NaOH results in different losses in strength that are higher with HWM fibres than with polynosic fibres. On performing the treatment under tension, the loss in strength of HWM-fibres is comparatively low and the difference to that of polynosic fibres almost disappears.

## *Einleitung*

Bekanntlich werden Cellulosefasern mit hohem Naßmodul, auch Modalfasern genannt, in zwei Klassen unterteilt [1 bis 6]:

A) „Polynosische“ Fasern
B) „High-wet modulus“-Fasern.

Den Polynosischen Fasern kommt ein besonderer Qualitätsbegriff zu, der von der „Association International Polynosic“ in Genf auf folgende Weise definiert wird [7]:

| | |
|---|---|
| Durchschnittspolymerisationsgrad | über 450, |
| Verlängerung in nassem Zustand unter einer Belastung von 0,5 p/den | unter 4%. |
| (Dieser Wert entspricht einem Naßmodul¹) | über 14.) |
| Schlingenfestigkeit in kond. Zustand | über 0,45 p/den. |

Nach einer Behandlung mit 5%iger Natronlauge bei 20°C:

| | |
|---|---|
| Verlängerung in nassem Zustand unter einer Belastung von 0,5 p/den | unter 8%, |
| (Dieser Wert entspricht einem Naßmodul¹) | über 6.) |
| Reißfestigkeit in nassem Zustand | über 2 p/den. |

Der Unterschied zwischen „polynosischen“ Fasern und Fasern, die nicht ganz das Qualitätsniveau der polynosischen Fasern erreichen und die wir der Einfachheit halber als „HWM-Fasern“ bezeichnen werden, liegt vorwiegend in der niedrigen Alkalistabilität letzterer Fasern. Unter geringerer Alkalistabilität versteht man auch eine stärkere Quellung und eine größere Löslichkeit in alkalischen Bädern und einen größeren Verlust an Reißfestigkeit nach Behandlung mit Alkali.

Zahlenwerte des Abfalles der Reißfestigkeit nach Behandlung der Fasern mit 5- bzw. 23,5%iger Natronlauge,gemäß dem von der „Association International Polynosic“ normiertem Verfahren, d. h. im Zustand vollkommener Relaxation, wurden bereits angegeben [8]. Der prozentuale Verlust an Reißfestigkeit ist etwa der folgende:

| Behandlung mit | 5%iger NaOH | 23,5%iger NaOH |
|---|---|---|
| HWM-Fasern | 40% | 60% |
| Polynosische Fasern | 15% | 30% |

¹) Unter Naßmodul versteht man die Belastung p/den naß bei einer Dehnung von 5% × 20.

Der starke Abfall der Reißfestigkeit der HWM-Faser hängt wahrscheinlich mit dem Cellulose-IV-Gehalt dieser Faser zusammen. Die Menge der anwesenden Cellulose IV kann nach der röntgenographischen Methode von *Hermans* und *Weidinger* [9] geschätzt werden; sie beträgt 10 bis 20% in dem HWM-Faser-Typ. Bekanntlich geht das Raumgitter der Cellulose IV bei Behandlung mit Natronlauge von mehr als 3% in das bei niedriger Temperatur stabilere Raumgitter Cellulose II über. Falls dieser Strukturumbau ohne Einwirkung äußerer Kraft erfolgt, ist die neugebildete Cellulose II schlecht geordnet und wirkt als Störstelle im Gefüge der geordneten Makromoleküle, wodurch eine Erniedrigung der Festigkeit und des Naßmoduls erfolgt [10].

Dieser Sachverhalt ändert sich völlig, wenn die Behandlung mit Alkali an gereckter Faser ausgeführt wird, sei es, daß man die Schrumpfung der Faser verhindert, sei es durch Anbringen einer gewissen Belastung. In diesem Zustand kann man den Verlust an Reißfestigkeit vermindern oder geradezu verhindern, wie das aus einigen Veröffentlichungen hervorgeht.

So wurde von *Y. Mitsubishi* [11] gefunden, daß man durch Reckung von hochfesten Fasern in alkalischen Quellungsbädern Fasern erhalten kann, die Hochmoduleigenschaften besitzen.

Auf dem gleichen Prinzip fußen einige Patente, die das Recken von Fasern von hohem Kristallisationsgrad und hohem Polymerisationsgrad in alkalischen Bädern beschreiben [12, 13].

Die Auswirkung der Spannung der Fäden bei Behandlung mit kalten alkalischen Lösungen wurde von *Centola* u. Mitarb. [14] eingehend untersucht. Beim Alkalisieren von Fäden aus regenerierter Cellulose von verschiedenem Typ mit 18%iger Natronlauge bei 20 °C und 30 min Einwirkungszeit, in vollkommen relaxiertem bzw. gespanntem Zustand, ist die Differenz der Bruchlast verhältnismäßig gering, wenn es sich um Polynosics oder Fäden vom FORTISAN-Typ handelt. Dagegen ist der Unterschied der Bruchlast nach Alkalisierung ohne und mit Spannung recht erheblich, wenn es Fäden vom Supercord-Typ betrifft.

Diese Versuche wurden an endlosen Fäden ausgeführt, die aber meist nur selten mit alkalischen Bädern in Kontakt kommen. Demgegenüber interessiert der Vergleich von gesponnenen Fäden aus Polynosics bzw. HWM-Fasern bei Alkalisierung in lockerem und in gespanntem Zustand, da ja doch in der Praxis der Mercerisierungsprozeß meistens an gesponnenen Fäden bzw. an Geweben, die solche Fäden enthalten, ausgeführt wird.

Die Ergebnisse einiger Versuche mit Polynosics und mit HWM-Fasern sind in dieser Mitteilung zusammengefaßt.

## *Versuchsdurchführung*

Es wurden zwei Versuchsreihen ausgeführt:

1. mit 5%iger Natronlauge bei 20 °C ohne und mit Spannung (0,2 p/den);
2. in Verhältnissen, die der technischen Mercerisierung entsprechen, d. h. mit Bädern hoher NaOH-Konzentration.

Für die Untersuchungen wurde folgendes Material benutzt:

| | |
|---|---|
| Polynosic-Typ A | Provenienz: USA, |
| Polynosic-Typ B | Provenienz: Japan |
| HWM-Typ A | Provenienz: USA, |
| HWM-Typ B | Provenienz: Italien. |

Sämtliche Fasern (Feinheit etwa 1,5 den; Schnittlänge 38 mm) wurden in einer industriellen Anlage zu Fäden gesponnen mit der Feinheit Nm = 34/1 bzw. Nm = 55/2.

1. Die *Fasern* wurden mit 5%iger Natronlauge nach dem Verfahren der AIP behandelt, d. h. 15 min bei 20 °C mit einem Flottenverhältnis 1:500, Waschen mit dest. Wasser (dreimal), Neutralisieren mit verd. Essigsäure und nochmaliges Auswaschen mit dest. Wasser. Trocknen bei 105 °C und Konditionieren bei 65% rel. Luftfeuchtigkeit bei 20 °C.

Die *Fäden* Nm = 34/1, Solldrehung = 600 n/m, wurden in gleicher Weise wie oben beschrieben behandelt, und zwar sowohl spannungsfrei als auch unter Spannung (0,2 p/den). Es wurde dafür Sorge getragen, daß der Zwirn der Fäden während der Behandlung sich nicht ändert. Die Messung der Reißfestigkeit, Reißdehnung und des Moduls wurden mit dem Instrom-Dynamometer nach den BISFA-Normen ausgeführt, und zwar zehn Zugversuche je Prüfling.

Die Ergebnisse dieser Messungen sind in den Tabellen 1 und 2 zusammengestellt.

Die Reißfestigkeit der kond. Fäden, vor und nach Behandlung mit 5%iger Natronlauge, in relaxiertem und gespanntem Zustand, sind in Bild 1 eingezeichnet.

2. Fasern vom HWM-Typ B wurden in einer industriellen Anlage zu *Fäden* versponnen. Sollfeinheit Nm = 55/2, Solldrehung Z/S = 750/500 n/m. Die Stränge wurden in eine drehbare Vorrichtung gebracht, in der die Mercerisierung bei verschiedener Spannung ausgeführt wurde, die in Prozent Verlängerung der Stränge ausgedrückt wird. Zum Vergleich wurden die Stränge spannungsfrei mercerisiert, d. h. dem Schrumpf der Stränge wurde kein Widerstand entgegen-

*Tabelle 1. Fasern vor und nach Behandlung mit 5%iger NaOH 20 °C/15 min*

| Faser | Feinheit | konditioniert | | nass | | | |
|---|---|---|---|---|---|---|---|
| | den | Reißfest. p/den | Dehn. % | Reißfest. p/den | Dehn. % | Dehn.%/ 0,5 p/den | Modul p/den |
| Polynosic A unbehandelt | 1,50 | 3,81 | 14,6 | 2,45 | 16,6 | 4,0 | 13,2 |
| Polynosic A nach Behandlung | 1,62 | 3,10 | 21,5 | 2,08 | 19,5 | 6,2 | 8,2 |
| Polynosic B unbehandelt | 1,45 | 4,14 | 12,0 | 2,87 | 15,7 | 3,8 | 15,2 |
| Polynosic B nach Behandlung | 1,57 | 3,25 | 21,3 | 2,57 | 23,0 | 5,2 | 9,8 |
| HWM-Typ A unbehandelt | 1,52 | 3,90 | 15,4 | 2,74 | 19,2 | 5,6 | 8,8 |
| HWM-Typ A nach Behandlung | 1,72 | 2,28 | 30,2 | 1,70 | 46,1 | 14,5 | 1,6 |
| HWM-Typ B unbehandelt | 1,20 | 4,33 | 16,4 | 3,23 | 18,6 | 4,0 | 14,8 |
| HWM-Typ B nach Behandlung | 1,44 | 2,92 | 30,9 | 2,08 | 40,4 | 10,8 | 2,6 |

*Tabelle 2. Fäden, Sollfeinheit Nm = 34/1, Solldrehung = 600 n/m, vor und nach Behandlung mit 5%iger NaOH, 20 °C, 15 min spannungsfrei und unter Spannung (0,2 p/den)*

| | Feinheit | konditioniert | | | naß | | |
|---|---|---|---|---|---|---|---|
| | | Reißfestigkeit | | Dehnung | Reißfestigkeit | | Dehnung |
| | den | p/den | Rkm | % | p/den | Rkm | % |
| Polynosic A unbehandelt | 269 | 2,02 | 18,2 | 7,9 | 1,59 | 14,3 | 10,2 |
| Polynosic A nach Behandlung: | | | | | | | |
| = spannungsfrei | 288 | 1,68 | 15,1 | 14,9 | 1,05 | 9,5 | 15,9 |
| = unter Spannung | 260 | 1,89 | 17,0 | 8,2 | 1,38 | 12,4 | 9,5 |
| Polynosic B unbehandelt | 254 | 2,13 | 19,2 | 9,7 | 1,50 | 13,5 | 10,4 |
| Polynosic B nach Behandlung: | | | | | | | |
| = spannungsfrei | 269 | 1,80 | 16,2 | 14,7 | 1,15 | 10,4 | 16,5 |
| = unter Spannung | 259 | 2,02 | 18,2 | 10,1 | 1,44 | 13,0 | 10,8 |
| HWM-Typ A unbehandelt | 268 | 2,30 | 20,8 | 11,3 | 1,60 | 14,4 | 14,0 |
| HWM-Typ A nach Behandlung: | | | | | | | |
| = spannungsfrei | 325 | 1,38 | 12,4 | 14,8 | 0,85 | 7,6 | 16,0 |
| = unter Spannung | 264 | 2,08 | 18,8 | 10,9 | 1,55 | 14,0 | 12,0 |
| HWM-Typ B unbehandelt | 265 | 2,48 | 22,2 | 11,1 | 1,89 | 17,0 | 12,8 |
| HWM-Typ B nach Behandlung: | | | | | | | |
| = spannungsfrei | 365 | 1,39 | 12,5 | 30,6 | 0,95 | 8,6 | 37,3 |
| = unter Spannung | 254 | 2,41 | 21,7 | 9,8 | 1,80 | 16,2 | 10,6 |

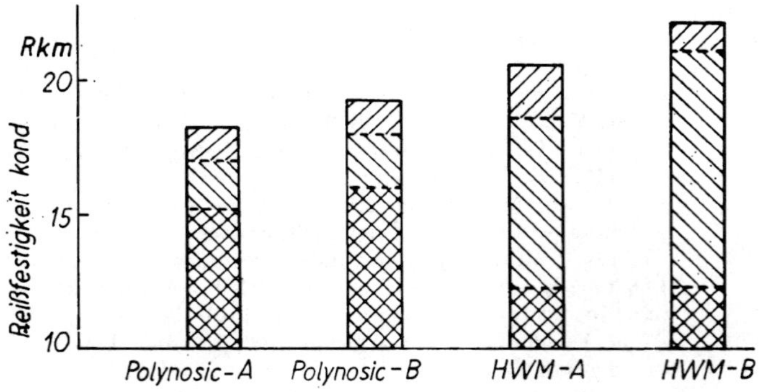


Bild 1. Alkalisieren von Fäden Nm 43/1 mit 5%iger NaOH bei 20 °C
—— Reißfestigkeit kond. des unbehandelten Fadens
····· Reißfestigkeit kond. nach Behandlung spannungsfrei
– – – Reißfestigkeit kond. nach Behandlung unter Spannung (0,2 p/den)

gesetzt, abgesehen von einer leichten Spannung, die notwendig ist, um eine Wirrlage der Fäden zu verhindern.

Das Mercerisierbad enthielt 23,5 masse%ige NaOH und 50 g/l NaCl. Temperatur = 32 °C. Dauer der Mercerisierung 90 s. Nach Auswaschen mit weichem Wasser, $t = 80\,°C$, wurden die Stränge mit verd. Salzsäure behandelt und schließlich zu Neutralität gewaschen, bei 100 °C getrocknet und in Normalklima (65% rel. Luftfeuchte, 20 °C) konditioniert.

Die Ergebnisse der Messungen sind in Tabelle 3 zusammengefaßt.

*Diskussion der Ergebnisse*

Aus diesen Messungen erkennt man folgendes:

a) Die Alkalisierungsversuche mit 5%iger NaOH bei 20 °C von Fasern in relaxiertem Zustand bestätigen die bedeutende Abnahme der Reißfestigkeit von HWM-Fasern und den weit geringeren Festigkeitsverlust von Polynosics.

b) Die Ergebnisse der Versuche mit 5%iger NaOH bei 20 °C mit relaxierten Fäden zeigen ein mehr oder weniger gleiches Bild wie die mit Fasern. Nach Alkalisierung der Fäden in gespanntem Zustand (0,2 p/den) liegt die Reißfestigkeit der Fäden aus HWM-Fasern nur wenig unter den entsprechenden Daten der unbehandelten Fäden und ungefähr auf dem gleichen Niveau mit den polynosischen Fäden.

Die Steifheit, d. h. das Verhältnis zwischen Reißfestigkeit und Reißdehnung der unter Spannung alkalisierten HWM-Fäden, nähert sich dabei der Steifheit der in gleicher Weise behandelten Polynosic-Fäden.

c) Versuche, die der technischen Mercerisierung entsprechen, d. h. mit 23,5 masse%iger NaOH enthaltenden Bädern ausgeführt wurden, beweisen, daß HWM-Fäden, in relaxiertem Zustand mercerisiert, etwa 50% der Reißfestigkeit einbüßen. Wenn aber die Fäden gespannt der Einwirkung des Bades ausgesetzt werden, so ist der Festigkeitsverlust verhältnismäßig gering, auch wenn die Spannung auf den Wert beschränkt wird, der der konstanten Länge des Fadens entspricht, d. h. der Schrumpf vermieden wird. Diese Verhältnisse kommen den in der Praxis üblichen nahe.

Aus diesen Betrachtungen läßt sich ersehen, daß HWM-Fasern trotz ihrer in relaxiertem Zustand geringeren Alkalistabilität sich im Gebrauch gut bewähren. Das erklärt sich durch ihr Verhalten, das ganz verschieden ist, wenn die Mercerisierung, wie üblich, unter Spannung erfolgt. In diesem Fall bewirkt der Cellulose-IV-Gehalt der HWM-Faser, der im allgemeinen als nachteilig betrachtet wird, eine leichtere Orientierbarkeit der Ketten und läßt eine Zunahme der lateralen Ordnung erzielen. In diesem Zusammenhang ist es interessant festzustellen, daß die Kern/Mantel-Struktur der Faser mit etwa 30% Mantel verschwindet und daß der Querschnitt nach Mercerisierung eine Nur-Mantel-Struktur aufweist [15].

Dieses Verhalten erklärt wahrscheinlich den Grund, weshalb Gewebe aus HWM-Fasern beim Waschen sich wie Gewebe aus Polynosics verhalten. Einige Daten betreffs Schrumpfung, Reiß-, Einreiß-, Berst-, und Abriebfestigkeit nach der ersten und der fünfzigsten Wäsche sind in früheren Mitteilungen des Verfassers enthalten [8]. Hier soll nur die Flächenänderung der Gewebe betrachtet werden, die bei Waschversuchen, bei Benutzung eines *Schopper*schen Bügelapparates, gemessen wurden.

Die in den einzelnen Versuchen gemessene Flächenschrumpfung der Gewebe ist in Tabelle 4 zusammengefaßt.

Die Beziehung zwischen der Flächenschrumpfung der Gewebe und dem Naßmodul der Fasern ist in Bild 2 dar-

*Tabelle 3. Fäden aus HWM-Faser B. Sollfeinheit Nm = 55/2, vor und nach Mercerisierung mit 23,5 masse%iger NaOH bei 32 °C behandelt*

| | Feinheit | konditioniert | | | naß | | |
|---|---|---|---|---|---|---|---|
| | | Reißfestigkeit | | Dehnung | Reißfestigkeit | | Dehnung |
| | den | p/den | Rkm | % | p/den | Rkm | % |
| Unbehandelt | 334 | 2,25 | 20,3 | 12,3 | 1,56 | 14,0 | 13,5 |
| Mercerisiert: | | | | | | | |
| spannungsfrei | 417 | 1,12 | 10,1 | 20,6 | 0,79 | 7,1 | 28,0 |
| bei konst. Länge | 330 | 2,04 | 18,3 | 11,0 | 1,29 | 11,6 | 10,3 |
| mit 5% Verlängerung | 325 | 2,09 | 18,8 | 10,1 | 1,41 | 12,5 | 10,0 |
| mit 10% Verlängerung | 310 | 2,11 | 19,0 | 9,9 | 1,52 | 13,6 | 10,0 |

*Tabelle 4. Prozentuale Flächenschrumpfung nach der ersten und der fünfzigsten Wäsche (je 30 min) mit 5 g/l Marseiller Seife bei 50°C.*

| Fasertyp | Prozentuale Flächenschrumpfung | | |
|---|---|---|---|
| Normale Zellwolle | 15,4 | | 17,5 |
| Hochfeste Zellwolle | 22,0 | | 26,1 |
| HWM-Faser, Handelsware | 4,4 | 3,6 | 2,7 |
| HWM-Faser, experimentell hergestellt | | 3,5 | |
| Polynosic, Handelsware | 3,5 | 3,2 | 2,0 |
| Polynosic, experimentell hergestellt | | 1,7 | |
| Mit Formaldehyd gesponnene Faser, experimentell hergestellt | 2,1 | 2,4 | |
| Baumwolle Amerika I | 3,6 | 2,4 | |
| Baumwolle Ägypten | 3,0 | | |

gestellt. Wie ersichtlich, besitzen die Gewebe aus Fasern mit niedrigem Naßmodul, d. h. unter 4, eine ausgesprochen schlechte Dimensionsstabilität. Das hängt offenbar mit dem ungenügenden Widerstand solcher Fasern gegenüber der schwachen mechanischen Beanspruchung zusammen, denen sie während der Wäsche ausgesetzt sind. Es genügt dagegen, daß der Naßmodul das Niveau von 10 bis 12 erreicht, um die Schrumpfung auf einen Wert zu senken, der amerikanischer oder ägyptischer Baumwolle entspricht.

### *Schlußfolgerungen*

1. Die Festigkeitsabnahme von Fäden aus HWM-Fasern bei Behandlung mit 5%iger Natronlauge (20 °C) unter Spannung von 0,2 p/den ist weit geringer als der Verlust, den die Fäden in relaxiertem Zustand bei gleicher Behandlung erleiden, so daß in diesem Falle praktisch jegliche Differenz zwischen HWM-Fasern und Polynosics verschwindet.
2. Ähnlich verhalten sich Fäden aus HWM-Fasern bei der technischen Mercerisierung mit 23,5 %iger Natronlauge, wenn die Spannung der Fäden genügend hoch ist, um ihre Längenänderung zu verhindern.
3. Gewebe aus HWM-Fasern zeigen nach 50 Wäschen Flächenschrumpfungen, die der Flächenänderung der Gewebe aus Polynosics oder aus Baumwolle fast gleich sind.

Angesichts des günstigeren textilmechanischen Verhaltens, d. h. der besseren Biege- und Scheuerfestigkeit sowie höheren Festigkeitsausbeute beim Spinnen der HWM-Fasern kann festgestellt werden, daß diese Fasern in ihrem Gebrauchswert den Polynosics zumindest gleichkommen.

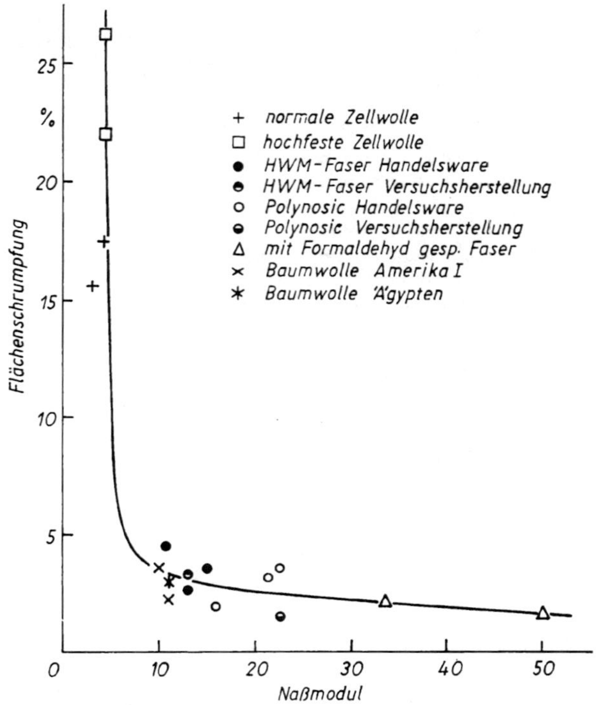


Bild 2. Gewebe-Flächenänderung zwischen der ersten und der fünfzigsten Wäsche

### *Literatur*

[1] *Mark, H.:* Neuere Fortschritte bei Zellulosefasern. Chemiefasern **15** (1965) S. 422—427.
[2] *Treiber, R.:* Fortschritte in der Technologie der Viskosefasern. Lenzinger Ber., Lenzing/Österr. (1965) 18, S. 15—22.
[3] *Heuer, K.:* Herstellung und Eigenschaften von Hochmodulfasern. Pure appl. Chem. **14** (1967) S. 381—394.
[4] *Kratzsch, E.:* Neue Entwicklungen auf dem Chemiefasergebiet. Chemiefasern **16** (1966) S. 544—548.
[5] *Weber, P.*, und *Thomas, R.:* Chemiefasern aus Zellulose mit hohem Naßmodul. Chemiefasern **17** (1957) 1, S. 35—44.
[6] *Szegö, L.:* Comparative study of textile properties of HWM fibers [high-wet-modulus fibers] spun by different processes. Pure appl. Chem. **14** (1967) S. 435—440.
[7] *Drisch, N.*, und *Priou, R.:* Études sur les fibres polynosiques. 1re Partie. I. Introduction aux travaux de l'Institut Textile de France sur les fibres polynosique. II. Caractéristiques des matériaux étudiés. Bull. Inst. Textile France (1962) 101, S. 667—684.
[8] *Szegö, L.:* Neue Entwicklungen der Hochmodul-Cellulosefaserstoffe. Fibre e Colori, Milano **18** (1968) 7, S. 262—268.
*Szegö, L.:* Neueste Entwicklung bei den Cellulosefasern mit erhöhter Naßfestigkeit. Kolor. Ertesitö, Budapest (Kolor. Rdsch.) **12** (1970) 102, S. 9—16.
[9] *Hermans, P. H.*, und *Weidinger, A.:* Quantitative investigation of the X-ray diffraction picture of some typical rayon specimens. Part. I. Textile Res. J. **31** (1961) 6, S. 558—571.
[10] *Weber, P.:* [5] S. 38.
[11] *Mitsubishi, Y.:* Alkali swelling treatment of high tenacity rayons. J. Soc. Textile Cellulose Ind. Japan **18** (1962) 11, S. 972—976.
[12] Verfahren zur Herstellung von künstlichen diskontinuierlichen Fasern aus Regeneratcellulose und so erhaltene diskontinuierliche Fasern. N. V. Onderzoekingsinstiuut Research. FrP 1321688 vom 28. 3. 1962.
[13] Verfahren zur Erhöhung der Reißfestigkeit von hochkristallinen Celluloseregeneratfasern. Cortaulds Ltd. FrP 1360961 vom 19. 6. 1963.
[14] *Centola, G., Riva, R.*, und *Prati, G.:* Einfluß der alkalischen Behandlung in der Kälte auf die Löslichkeit einiger Celluloseregeneratfaserstoffe. Ricerca Doc. tessile, Milano (Textilforsch. u. -dok.) **1** (1964) 3, S. 93—98.
*Centola, G.*, und *Riva, F.:* Veränderung der Festigkeit einiger Celluloseregeneratfasertypen bei Behandlung mit kalter Natronlauge. Ricerca Doc. tessile, Milano (Textilforsch. u. -dok.) **2** (1965) 1, S. 1—7; 4, S. 139—146.
[15] *Philipp, B., Gröbe, A.*, und *Schmiedeknecht, H. H.:* Herstellung, Eigenschaften und Einsatz von Modalfasern. Dt. Textiltechnik **19** (1969) 1, S. 14—20.

*Eingegangen am 2. Juni 1970*

# Über Poly-[äthylen-co-(b)-polyoxaäthylen]-terephthalate

## I. Synthesen und Polymeranalytik

*Eberhard Leibnitz* und *Gerhard Reinisch*

*Deutsche Akademie der Wissenschaften zu Berlin, Institut für Faserstoff-Forschung in Teltow-Seehof, Abt. Polykondensatfaserstoffe*

DK 678.674:66.095.3:541.124:532.135.083:547.29.024:547.28.024

Es werden Herstellung, analytische Charakterisierung und einige Eigenschaften von Copolykondensaten aus Bis-(β-hydroxyäthyl)-terephthalat bzw. Polyäthylenterephthalaten niederer rel. Molekülmassen und α, ω-Dihydroxy-polyalkylenoxiden beschrieben.

*О поли-[этилен-со-(b)-полиоксаэтилен]-терефталатах*

*I. Синтез полимеров и их анализ*

Описаны синтез, аналитическое исследование и некоторые свойства сополиконденсатов бис-(β-оксиэтилтерефтелата) соответственно низкомолекулярного полиэтилентерефталата с окисями α,ω-диоксиполиалкиленов.

*Poly-[ethylene-co-(b)-polyoxaethylene]-terephthalate*

*I. Syntheses and Analytics*

Preparation, analytical characterisation and some properties of condensation copolymers of bis-(β-hydroxyethylterephthalate or low molecular weight polyethylene terephthalate and α, ω-dihydroxypolyalkyleneoxides are described.

### 1. *Einleitung und Problemstellung*

Aus der Literatur ist bekannt, daß sich die Anfärbbarkeit von Polyäthylenterephthalat verbessert, wenn ihm 30 Masse-% Polyäthylenoxid der rel. Molekülmasse 4000 zugesetzt werden [1]. Durch Zugabe von 70 Masse-% eines Polyäthylenoxids der rel. Molekülmasse 20000 werden wasserlösliche Copolymere erhalten, die sich als Seifenzusätze und Emulgiermittel für verschiedene Zwecke verwenden lassen [2]. Co-(polyäther)-polyester aus Polyalkylenoxiden der rel. Molekülmassen 1000 bis 6000, Äthylenglykol und Terephthalsäure sollen Entropieelastizität zeigen [3].

Wir haben auf unterschiedlichen Wegen und mit verschiedenen α,ω-Dihydroxy-polyalkylenoxiden derartige Copolykondensate hergestellt, sie analytisch charakterisiert und den Einfluß von Art und Menge der Cokomponenten auf die Eigenschaften der Copolymeren zu erfassen versucht. Über Synthese und einige analytische Daten solcher Copolymerer soll hier berichtet werden.

### 2. *Herstellung der Polymeren*

#### 2.1. *Ausgangsmaterialien, Katalysatoren*

Ausgangsprodukte für die Polykondensation waren reines oligomerenfreies, durch Umesterung von Dimethylterephthalat (DMT) mit wasserfreiem Äthylenglykol gewonnenes und durch mehrfaches Umkristallisieren aus Wasser und Aceton gereinigtes Bis-(β-hydroxyäthyl)-terephthalat (BHT) und als Cokomponenten α,ω-Dihydroxy-polyäthylenoxide (PÄO) der rel. Molekülmassen 4000, 10000 und 20000 sowie α,ω-Dihydroxy-polytetrahydrofurane (PTHF) der rel. Molekülmassen 1000 und 2040. In systematischen Versuchsreihen wurden nach den im folgenden beschriebenen Verfahrensweisen Copolymere mit Polyalkylenoxidgehalten zwischen 2 und 15 mol-% (entspricht etwa 10 bis 70 Masse-%) mit verschiedenen Polyalkylenoxiden, verschiedenen Katalysatoren und Katalysatorkonzentrationen hergestellt.

Polyalkylenoxid wurde im entsprechenden Verhältnis der rel. Molekülmassen mit BHT gemischt und nach Zusatz des jeweiligen Katalysators polykondensiert.

Zur Polykondensation wurden weiterhin Estergemische eingesetzt, die auf folgende Weise hergestellt wurden:

a) DMT wurde mit der doppelt molaren Menge Äthylenglykol und der vorgesehenen Menge des Polyalkylenoxids in Gegenwart eines Umesterungskatalysators unter Stickstoff bei 180 °C umgesetzt. Anschließend wurde der Äthylenglykolüberschuß bei 150 bis 160 °C im Vakuum wieder entfernt.

b) Polyalkylenoxid wurde mit einem vier- bis fünffachen Überschuß an DMT und dem Katalysator gemischt und bei 200 bis 220 °C umgeestert. Um eine genügend hohe Reaktionsgeschwindigkeit zu erreichen, war bei dieser Verfahrensweise mindestens das Fünffache der üblichen Katalysatorkonzentration erforderlich. Die noch verbliebenen Methylestergruppen wurden danach durch Zugabe der äquimolaren Menge BHT bei 180 °C umgeestert. Meist war der Umesterungskatalysator auch gleichzeitig Katalysator für die anschließende Polykondensation. Wenn zur Polykondensation ein anderer Katalysator verwendet werden sollte, wurde der Umesterungskatalysator durch Zugabe von Triphenylphosphat blockiert (vgl. [4]).

Außerdem wurde α, ω-Bis-(p-chlorcarbonylbenzoyl)-polyalkylenoxid mit BHT in Gegenwart eines Katalysators polykondensiert. Den endgruppensubstituierten Polyäther stellten wir durch Umsetzung von Polyalkylenoxid mit der doppelt molaren Menge Terephthaloylchlorid in Lösung oder in der Schmelze bei 120 bis 140 °C unter Stickstoff her.

Bei einer weiteren Verfahrensvariante wurden vorgebildete Polyäthylenterephthalatblöcke ($\bar{P}_n$ = 10 bis 50) mit den Polyalkylenoxiden im Vakuum durch Zusatz der berechneten Menge Terephthalsäurediphenylester verknüpft. Eine entsprechende Verknüpfung mit dem Terephthaloylchlorid gelang nicht.

Als Katalysatoren wurden Verbindungen eingesetzt, die üblicherweise auch bei der Polyäthylenterephthalatherstellung verwendet werden, besonders die Acetate von Mangan und Antimon, aber auch von Zinn, Zink und Calcium. Außerdem setzten wir Kaliumtitanyloxalat, Magnesiumhexa-n-butyl-titanat und Titan-tetra-n-butylat ein. Die Katalysatorkonzentration betrug $5 \cdot 10^{-4}$ mol/mol Terephthalsäureester, wurde aber für die Versuche zur Ermittlung des Einflusses der Katalysatorkonzentration auf die Reaktionsgeschwindigkeit bis auf das Zehnfache erhöht.

#### 2.2. *Copolymerensynthese*

Die Polykondensation erfolgte in der Regel als Schmelzepolykondensation in einer Laborglasapparatur (vgl. z. B. [4]) bei einem Druck von 0,05 bis 0,1 Torr und einer Schmelzetemperatur von 265 °C ± 0,1 grd. Die Beheizung erfolgte durch ein bei der entsprechenden Versuchstemperatur auf ± 0,5 grd konstant gehaltenes, elektrisch geheiztes Salzbad. Die Apparatur wurde zunächst dreimal evakuiert und wieder mit Stickstoff begast. Danach wurde sie in das Heizbad eingesetzt, die Schmelze 5 min unter Stickstoff gerührt und dann so langsam Vakuum angelegt, daß nach weiteren 5 min der Enddruck erreicht war. Vom Moment des Einsetzens in das Heizbad an wurde stündlich eine Probe entnommen.

## 3. *Viskosimetrische Untersuchung der Copolymeren*

### 3.1. *Vorbereitung des Probenmaterials*

Insbesondere die Co-(polyäther)-polyester mit Dihydroxypolyäthylenoxiden nehmen an der Luft rasch Feuchtigkeit auf (im Normklima, 20 °C, 65% rel. Feuchte, je nach Polyäthylenoxidkonzentration bis zu 6%). Die Polymerenproben wurden daher vor der Einwaage für die Viskositätsmessungen 24 h bei 50 °C im Vakuum getrocknet.

Zuvor wurden die Proben 6 h lang mit Aceton extrahiert. Die Extraktion wurde vorgenommen, um zu prüfen, ob das gesamte Polyalkylenoxid in die Polymerenkette eingebaut worden ist. Wir stellten dabei fest, daß je nach Polyalkylenoxidgehalten 3 bis 5 Masse-% extrahierbares Material in den Copolyätherestern enthalten sind. Die Werte für die rel. Lösungsviskosität liegen bei den unextrahierten Materialien je nach Polykondensationsgrad um 0,1 bis 0,2 Einheiten niedriger.

Als Extraktionsmittel wurden auch Benzol und Wasser verwendet. Da in jedem Fall die gleichen Extraktmengen gefunden wurden, ist in der Folge wegen der leichteren Entfernbarkeit des Lösungsmittels ausschließlich mit Aceton extrahiert worden.

### 3.2. *Viskositätsmessungen*

Der Verlauf der Polykondensation wurde durch Bestimmung der rel. Lösungsviskosität von Lösungen von 0,5 g der Polymerenprobe in 100 ml einer Mischung aus gleichen Masseteilen Phenol und Tetrachloräthan bei 20 °C ± 0,02 grd verfolgt.

Von einigen Polykondensaten wurden im gleichen Lösungsmittel auch die Lösungsviskositäten von Konzentrationsreihen bestimmt. Diese Messungen wurden in einem für Verdünnungsviskosimetrie umgebauten *Ubbelohde*-Viskosimeter durchgeführt. Wir gaben eine Lösung von 1,5 g/dl vor und verdünnten diese im Viskosimeter. Zur Ermittlung der Intrinsic-Viskosität wurden die erhaltenen Viskositätswerte einmal nach *Huggins* ($\eta_{sp}/c = f(c)$), zum anderen nach *Schulz/Blaschke* ($\eta_{sp}/c = f(\eta_{sp})$) aufgetragen. Bei der Auftragung nach *Huggins* ließ sich in der Regel so gut eine Mittelungsgerade durch die Punkte legen, daß die Ermittlung von $[\eta]$ durch Ausgleichsrechnung nicht notwendig war (Bild 1). Besonders gut war die Linearität im Konzentrationsbereich von 0,3 bis 1,2 g/dl. Bei 0,1 g/dl war oft eine erhebliche Abweichung nach oben zu beobachten. Oberhalb 1,5 g/dl verläuft die Gerade deutlich flacher. Wie Bild 2 zeigt, ergibt sich bei der Auftragung nach *Schulz/Blaschke* kein linearer Verlauf.

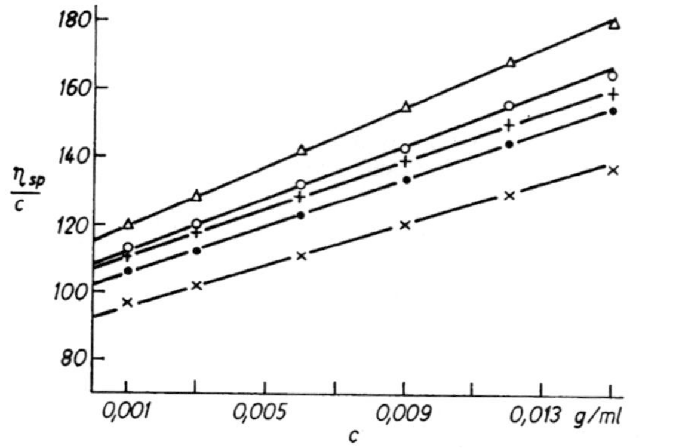


Bild 1. Ermittlung von $[\eta]$ eines Copolyäther-polyesters mit 4,8 mol% PÄO 4000. Auftragung nach *Huggins*. Katalysator: 2,6 · $10^{-3}$ mol $Mn(ac)_2$/mol Terephthalsäureester

In Tabelle 1 sind für einige Polykondensationen die aus diesen Diagrammen nach

$$k_H = \frac{\frac{\eta_{sp}}{c} - [\eta]}{[\eta]^2 \cdot c}$$

berechneten *Huggins*-Konstanten aufgeführt. Man sieht, daß die Konstante von Katalysatorart und -konzentration nicht beeinflußt wird.

Da $\eta_{sp}/c$ im hier untersuchten Bereich linear mit der Konzentration ansteigt, ist auch für diese Co-(polyäther)-polyester die *Huggins*-Gleichung in ihrer vereinfachten, d. h. nach dem ersten Glied der Reihe abgebrochenen Form, gültig. Durch Einsetzen des Mittelwertes der errechneten *Huggins*-Konstanten $k_H = 0{,}33$ ($c = 0{,}5$ g/dl) und Umformen der Gleichung erhält man für die Berechnung von $[\eta]$ aus $\eta_{rel}$ die Beziehung

$$[\eta] = \frac{\sqrt{1 + 1{,}32\eta_{sp}} - 1}{0{,}33}.$$

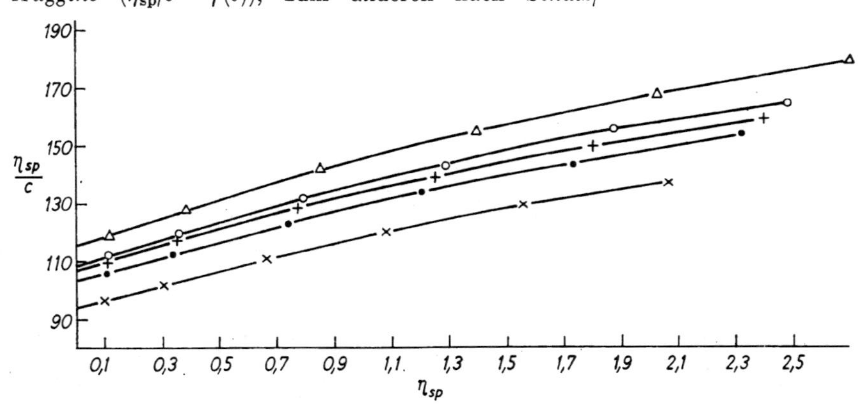


Bild 2. wie Bild 1. Auftragung nach *Schulz/Blaschke*

In Tabelle 1 sind die graphisch extrapolierten $[\eta]$-Werte den aus der relativen Lösungsviskosität nach dieser Beziehung und nach der für $k_H$-Werte von 0,33 gültigen Formel von *Solomon* und *Ciută* [5]

$$[\eta] = \frac{\sqrt{2}}{c} \cdot \sqrt{\eta_{sp} - \ln \eta_{rel}}$$

berechneten Werten gegenübergestellt. Die gute Übereinstimmung zeigt, daß für die Berechnung von $[\eta]$ aus $\eta_{rel}$ der beschriebenen Co-(polyäther)-polyester beide Beziehungen anwendbar sind.

*Tabelle 1. Huggins-Konstanten und Intrinsic-Viskositäten einiger Copolyäther-polyester (95,2 mol% Terephthalsäure, 4,8 mol% PÄO 40000)*

| $\tau$ h | Katalysator $\times 10^{-4}$ mol/mol Ester | $[\eta]$ berechnet aus $\eta_{rel}$ 1) | 2) | graphisch extrapoliert | $k_H$ | $\overline{k}_H$ |
|---|---|---|---|---|---|---|
| 1 | $Mn(CH_3COO)_2$ 5 | 70,6 | 70,3 | 70,0 | 0,35 | |
| 2 | | 84,3 | 84,0 | 84,0 | 0,34 | |
| 3 | | 92,2 | 91,7 | 91,5 | 0,35 | 0,34 |
| 4 | | 94,5 | 94,0 | 94,0 | 0,34 | |
| 5 | | 97,9 | 97,4 | 97,9 | 0,33 | |
| 1 | $Mn(CH_3COO)_2$ 25 | 93,3 | 92,8 | 92,5 | 0,35 | |
| 2 | | 102,3 | 101,7 | 102,0 | 0,34 | |
| 3 | | 106,2 | 105,5 | 107,0 | 0,34 | 0,34 |
| 4 | | 108,3 | 107,6 | 108,0 | 0,34 | |
| 5 | | 115,2 | 114,4 | 115,0 | 0,34 | |
| 1 | $Sb(CH_3COO)_3$ 5 | 51,8 | 51,7 | 52,0 | 0,32 | |
| 2 | | 66,1 | 65,8 | 66,5 | 0,34 | |
| 3 | | 84,1 | 83,7 | 84,5 | 0,31 | 0,32 |
| 4 | | 96,1 | 95,5 | 96,0 | 0,33 | |
| 5 | | 107,2 | 106,5 | 107,4 | 0,32 | |
| 1 | $Sn(CH_3COO)_2$ 5 | 67,6 | 67,3 | 67,8 | 0,31 | |
| 2 | | 90,8 | 90,4 | 90,5 | 0,34 | |
| 3 | | 101,7 | 101,2 | 102,8 | 0,30 | 0,32 |
| 4 | | 105,3 | 104,6 | 108,0 | 0,27 | |
| 5 | | 106,0 | 105,5 | 109,0 | 0,26 | |
| 1 | $Mg[HTi(C_4H_9O)_6]_2$ 5 | 135,2 | 133,9 | 134,0 | 0,35 | |
| 2 | | 149,5 | 148,0 | 148,7 | 0,34 | |
| 3 | | 165,4 | 163,4 | 166,8 | 0,31 | 0,33 |
| 4 | | 160,8 | 159,0 | 162,5 | 0,31 | |

1) nach der umgeformten *Huggins*-Gleichung  2) nach der Beziehung von *Solomon und Ciută*  $\overline{\overline{k}}_H = 0,33$

## *4. Diskussion der Ergebnisse*

Durch Copolykondensation von Bis-(β-hydroxyäthyl)-terephthalat bzw. Polyäthylenterephthalaten niederer rel. Molekülmasse ($\overline{M}_n = 3000$ bis 7000) mit verschiedenen α,ω-Dihydroxy-polyalkylenoxiden konnten echte Copolymere erhalten werden.

Dafür spricht einmal die Nichtextrahierbarkeit der Cokomponente (die geringen Mengen an extrahierbarem Material bestanden zu etwa 50% aus Terephthalsäureestern), zum anderen die Tatsache, daß man nach der Polykondensation homogene Schmelzen der Copolykondensate erhält. Schmelzemischungen aus Polyäthylenterephthalat mit den Polyalkylenoxiden sind unverträglich. Ein weiteres Kriterium ist die Einheitlichkeit des Schmelzpunktes; Mischungen müßten zwei Schmelzbereiche besitzen.

Für die Modifizierung waren α,ω-Dihydroxypolyäthylenoxid der rel. Molekülmasse 4000 und α,ω-Dihydroxypolytetrahydrofuran der rel. Molekülmasse 2040 am besten geeignet.

Die Eigenschaften des Polyäthylenterephthalats, insbesondere gutes Fadenbildungsvermögen und hoher Schmelzpunkt, bleiben bis zu Cokomponentenkonzentrationen von 60 Masse-% (entspr. ca. 8 mol%) weitgehend erhalten. Die auf einem Mikroheiztisch nach *Boëtius* (Aufheizgeschwindigkeit 4 grd min$^{-1}$) bestimmten Schmelzpunkte lagen je nach Polyalkylenoxidgehalt zwischen 220 und 250 °C. Copolymere mit 4 bis 7 mol% PÄO bzw. 7 bis 14 mol% PTHF 2040 waren aus ihren Schmelzen spinnbar.

Co-(polyäther)-polyester mit den höhermolekularen Polyäthylenoxiden zeigten schon bei Polyäthergehalten um 2 mol% kein Fadenbildungsvermögen mehr.

In Bild 3 ist der zeitliche Verlauf der Copolykondensation mit unterschiedlichen Mengen PÄO 4000 anhand der reduzierten spezifischen Viskosität dargestellt. Die maximal erreichten Viskositätswerte steigen danach mit dem Polyäthylenoxidgehalt. Trägt man die reduzierte spezifische Viskosität gegen die Polyäthylenoxidkonzentration in mol% auf, so ergibt sich ein linearer Anstieg der Viskositätswerte.

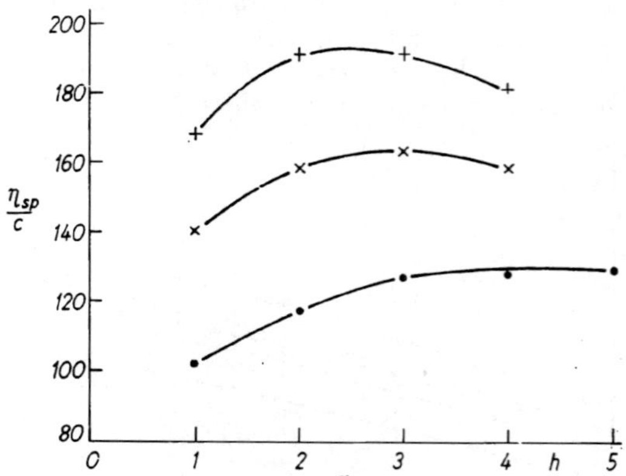


Bild 3. Viskositätsverlauf während der Polykondensation mit unterschiedlichen Polyäthylenoxidkonzentrationen in Gegenwart von $2,6 \cdot 10^{-3}$ mol $Mn(ac)_2$/mol Terephthalsäureester

• = 4,8; × = 10,2; + = 14,7 mol% PÄO 4000

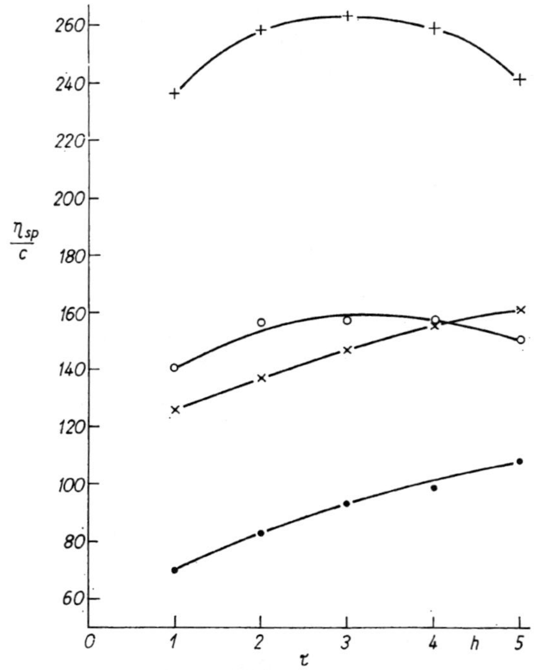


Bild 4. Viskositätsverlauf während der Copolykondensation mit verschiedenen Polyalkylenoxiden

Katalysator: 2,6 · $10^{-3}$ mol Mn(ac)$_2$/mol Terephthalsäureester

Polyalkylenoxidkonz.: 4,8 mol%

• = PTHF 2040; × = PÄO 4000; ○ = PÄO 10000; + = PÄO 20000

Copolymere mit mehr als 13 mol% (entspr. 70 Masse-%) Polyäthylenoxid-Ketteneinheiten verlieren zunehmend ihr Fadenbildungsvermögen, sie werden außerdem wachsartig und letztlich sogar wasserlöslich.

Den Polykondensationsverlauf mit verschiedenen Polyalkylenoxiden bei konstantem Molverhältnis Terephthalsäure/Polyalkylenoxid zeigt Bild 4.

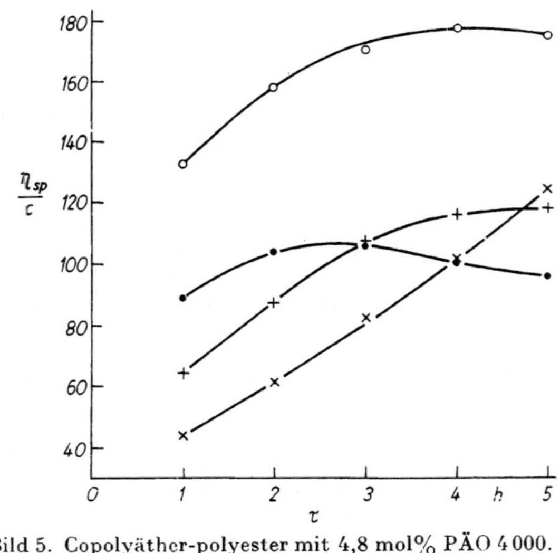


Bild 5. Copolyäther-polyester mit 4,8 mol% PÄO 4000. Einfluß der Katalysatorart auf den Polykondensationsverlauf

Katalysatorkonz.: 5 · $10^{-4}$ mol/mol Terephthalsäureester

× = Sb(ac)$_3$; + = Sn(ac)$_2$; • = Mn(ac)$_2$; ○ = Mg[HTi · (C$_4$H$_9$O)$_6$]$_2$

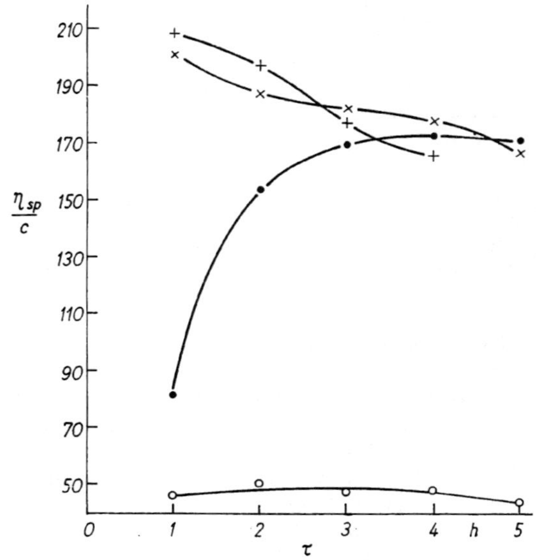


Bild 6. Copolyäther-polyester mit 15,5 mol-% PTHF 2040. Einfluß der Katalysatorart auf den Polykondensationsverlauf

○ = Mn(ac)$_2$; • = Sb(ac)$_3$; × = K$_2$[TiO(C$_2$O$_4$)$_2$]; + = Mg[HTi(C$_4$H$_9$O)$_6$]$_2$

Den Einfluß der Katalysatorart auf den Polykondensationsverlauf zeigen die Bilder 5 und 6. Für derartige Copolykondensationen erwiesen sich die Titanverbindungen als besonders wirksame Katalysatoren. Dies ist bei Co-(polyäther)-polyestern mit PTHF besonders gut zu erkennen. Mit den Titankatalysatoren wird hier das Viskositätsmaximum schon innerhalb der ersten Stunde der Polykondensation überschritten, danach überwiegt trotz des weiter angelegten Vakuums der thermische Abbau (Bild 6).

Manganacetat, das bei der Polyäthylenterephthalatherstellung und auch bei der Copolykondensation mit PÄO 4000 sehr wirksam ist (vgl. Bild 5), erwies sich gegenüber PTHF 2040 als inaktiv.

Alle dargestellten Kurven sind Mittelwertskurven aus 4 bis 6 Versuchen.

Die Reproduzierbarkeit der Polykondensationsversuche ist aus Bild 7 zu ersehen. Man erkennt ferner, daß ein Einfluß der Katalysatorkonzentration auf den erreichbaren Polykondensationsgrad der Copolymeren vorhanden ist.

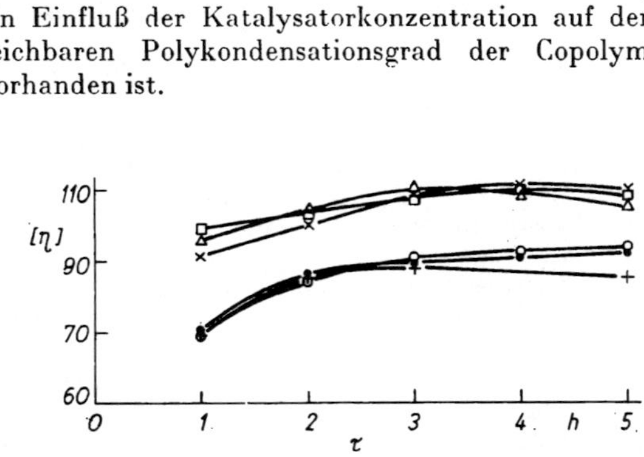


Bild 7. Einfluß der Katalysatorkonzentration auf den Polykondensationsgrad

Katalysator: Mn(ac)$_2$; 5 · $10^{-4}$ und 2,6 · $10^{-3}$ mol/mol Terephthalsäureester

*Tabelle 2. Einfluß der Katalysatorart auf die Carboxylgruppenkonzentration in Copolyäther-polyestern mit 6 mol% PÄO 4000*

| Katalysator | μÄqu COOH/g Polymeres |
|---|---|
| $Mn(CH_3COO)_2$ | 5···10 |
| $Sb(CH_3COO)_3$ | 15···20 |
| $Zn(CH_3COO)_2$ | 45···55 |
| $Ca(CH_3COO)_2$ | 50···60 |
| $Sn(CH_3COO)_2$ | 60···65 |
| $K_2[TiO(C_2O_4)_2]$ | 8···12 |
| $Mg[HTi(C_4H_9O)_6]_2$ | 6···10 |

Der Carboxylgruppengehalt der Copolymeren erwies sich als stark katalysatorabhängig. Bei einer Katalysatorkonzentration von $5 \cdot 10^{-4}$ mol pro mol Terephthalsäureester wurden z. B. nach 4 h Polykondensation die in Tabelle 2 aufgeführten Werte gefunden.

Die Katalysatorkonzentration war ohne Einfluß auf die Carboxylgruppenbildung.

Die Bestimmung der Carboxylgruppen erfolgte durch Titration einer Lösung von 0,5 bis 1,5 g/dl in Benzylalkohol mit 0,02 n benzylalkoholischer NaOH gegen Phenolrot. Das Polymere wurde zuvor durch 10 min Erwärmen der entsprechenden Menge in 20 ml Benzylalkohol bei 180 °C unter $N_2$ gelöst.

Wir danken Frl. *B. Wichlow* für gewissenhafte Durchführung der zahlreichen Polykondensationsversuche und der analytischen Untersuchungen.

*Literatur*

[1] *Coleman, D.:* Block copolymers: Copolymerisation of ethylene terephthalate and polyoxyethylene glycols. J. Polymer Sci. **14** (1954) S. 15–28.

[2] Verfahren zur Herstellung von hochmolekularen Polyestern. Farbwerke Hoechst AG. vorm. Meister Lucius & Brüning, Frankfurt a. M. OeP 229040 vom 6. April 1961.

[3] *Charch, W. H.,* und *Shivers, J. C.:* Elastomeric condensation block copolymers. Textile Res. J. **29** (1959) 7, S. 536–540.

[4] *Zimmermann, H.:* Chemische Untersuchungen über faserbildende Polyester. I. Über die thermische Stabilisierung von Polyäthylenterephthalat. Faserforsch. u. Textiltechnik **13** (1962) 11, S. 481–490.

[5] *Solomon, O. F.,* und *Ciută, I. Z.:* Détermination de la viscosité intrinsèque de solutions de polymères par une simple détermination de la viscosité. J. appl. Polymer Sci. **6** (1962) 24, S. 683–686;
vgl. auch *Ibrahim, F.,* und *Elias, H.-G.:* Über eine Fehlerquelle bei der Berechnung von *Staudinger*-Indices. Makromol. Chemie **76** (1964) S. 1–11.

*Eingegangen am 29. Mai 1970*

# Hydrophilie und spezifische Oberfläche

*Hans-Joachim Flath*

*Technische Universität Dresden, Sektion Chemie*

DK 677.494.745.32:677.494.061.39:541.183.25/.26

Im Anschluß an eine frühere Mitteilung über die Bestimmung der spezifischen Oberfläche von Polyacrylnitrilfaserstoffen mit Hilfe der Tieftemperatur-Gassorptionsmethode werden die Resultate mit Oberflächenwerten verglichen, die sich aus der Wasserdampfsorption errechnen lassen. Die dabei auftretenden starken Differenzen werden durch Vergleich mit den Benetzungswärmen zu klären versucht.
Die Hydrophilie ist linear von der Oberfläche abhängig, wenn man die aus der Wasserdampfsorption ermittelten Werte zugrunde legt.
Aus den Ergebnissen wird der Schluß gezogen, daß die spezifische Oberfläche von Faserstoffen bei Anwesenheit von Wasser besser durch die aus der Wasserdampfsorption ermittelten Werte wiedergegeben wird.

*Гидрофильность и удельная поверхность*

В продолжение предыдущих работ по определению удельной поверхности полиакрилонитрильных волокон полученные методом сорбции газа при низких температурах результаты были сравнены с величинами, получаемыми расчетным путем, исходя из данных по сорбции водяных паров. Сделена попытка объяснить наблюдаемые значительные различия путем сравнения с теплотами смачивания.
Тидрофильность линейно зависит от поверхности, если в основу положены данные, полученные при сорбции водяных паров.
Полученные результаты позволяют сделать вывод, что в присутствии воды величины удельной поверхности, вычисленные на основе сорбции водяных паров, оказываются более реальными.

*Hydrophilic Properties and Specific Surface Area of Fibres*

The results obtained by determining the specific surface area of polyacrylonitrile fibres by means of a low temperature gas adsorption technique, as described in a previous communication, have been compared with the values calculated from water vapor adsorption data. An attempt is made to explain the substantial differences obtained by comparative consideration of the heat of wetting. The hydrophilie depends linearly on the surface area when measured by the adsorption of water vapor. The results suggest the data for the surface area as measured by water vapor adsorption to be more reliable than those obtained by the gas adsorption technique, if the behaviour of fibers in the presence of water is studied.

## 1. *Einführung*

In einer früher gegebenen Übersicht über die Bestimmung der spezifischen Oberfläche von Faserstoffen [1] war darauf hingewiesen worden, daß von verschiedenen Autoren stark voneinander abweichende Werte für die spezifische Oberfläche der Faserstoffe angegeben werden. Aus einer Gegenüberstellung ging weiter hervor, daß bei der Tieftemperatur-Gassorption mit Stickstoff, Argon oder Krypton wesentlich niedrigere Werte gefunden werden als bei der Sorption von Wasserdampf oder organischen Lösungsmitteldämpfen. Die Werte unterscheiden sich bis zum Faktor 200 voneinander und scheinen besonders groß zu sein, wenn das zur Messung verwendete Gas eine starke Affinität zur Faser besitzt. Dies gilt bei Cellulose im besonderen Maße für Wasser und bei Polyamid in noch stärkerem Umfang für i-Octan.

Im Gegensatz dazu findet man bei nichtporösen Stoffen, wie Titandioxid, Quarz, Bariumsulfat und Zirkonsilikat gute Übereinstimmung zwischen beiden Methoden, während Kieselsäure ebenfalls große Differenzen zeigt [2].

Die Ursache für die Abweichungen wird darin vermutet, daß durch die Dämpfe zwischenmolekulare Kräfte in den amorphen Bereichen gespalten werden, was zu einem besseren Eindringen des Meßgases führt. Als Ergebnis kann eine vollständigere Erfassung der inneren Oberfläche oder eine verstärkte Adsorption und Quellung resultieren. *Rowen* und *Blaine* [3] geben als weitere Möglichkeit an, daß eine innere Oberfläche nur in Gegenwart bestimmter Quellmittel (Wasser) existiert.

Die vorgelegten Untersuchungen sollen dazu beitragen, die Aussagemöglichkeiten und Grenzen der verschiedenen Methoden zu bestimmen, und Beziehungen zu praktisch wichtigen Eigenschaften, wie der Hydrophilie, zu vermitteln.

## 2. *Praktische Durchführung*

### 2.1. *Untersuchungsmaterial*

Das Untersuchungsmaterial wurde unter Produktionsbedingungen hergestellt. Es handelt sich dabei um

- WOLPRYLA-Reinpolymerisatfaser, nach dem Hexantriol-Verfahren hergestellt;
- WOLPRYLA-61-Copolymerisatfaser, nach dem Naßspinnverfahren in Wasser hergestellt, mit einem Vinylacetatanteil;
- WOLPRYLA-65-Copolymerisatfaser, nach dem Lösungspolymerisations- und Naßspinnverfahren in Wasser hergestellt, mit Anteilen an Acrylaten und einer sauren Komponente.

Alle Proben wurden dem Produktionsprozeß nach dem Spinnen, Recken und Auswaschen des Lösungsmittels im spinnfeuchten, unpräparierten Zustand entnommen. Bei WOLPRYLA-61 wurde vergleichsweise ein Material in die Untersuchungen mit einbezogen, das nach dem Auswaschen des Lösungsmittels einer kurzen hydrothermischen Behandlung von ca. 3 s Dauer in einem kochenden Wasserbad unterzogen worden war.

### 2.2. *Untersuchungsmethodik*

Spezifische Oberfläche:

Die Bestimmung erfolgte mit Hilfe der Theorie der Mehrschichtenadsorption nach *Brunauer, Emmett* und *Teller.* Über die Anwendung von Argon nach dem Tieftemperaturverfahren wurde bereits berichtet [1].

Wasserdampfsorption:

Das extrahierte Probenmaterial wird bei Raumtemperatur über Blaugel gelagert, um bei der nachfolgenden Wasserdampfsorption in jedem Falle den Gleichgewichtszustand durch Wasseraufnahme zu erreichen.

Je ca. 2 g des aufgelockerten Probenmaterials werden im offenen Wägeglas für mindestens 48 h in eine Feuchtekammer (Exsikkator) mit der rel. Luftfeuchte zwischen 0 und 100% bei 20 °C gestellt. Dann wird das Wägeglas rasch geschlossen und der Wassergehalt bestimmt. Bei der Trocknung über $P_2O_5$ sind mindestens 7 Tage zur Einstellung des Gleichgewichtes notwendig. Eine vollständige Trocknung wird auch dann nicht erreicht. Die Einstellung der verschiedenen rel. Luftfeuchten in den Exsikkatoren erfolgt durch folgende Substanzen bzw. Lösungen:

| Exsikkatorinhalt | relative Luftfeuchte % |
|---|---|
| $P_2O_5$ | 0 |
| $H_2SO_4$, 70%ig | 5 |
| $H_2SO_4$, 60%ig | 17 |
| $K_2CO_3$, gesättigte Lösung | 44 |
| $NH_4NO_3$, gesättigte Lösung | 65 |
| $(NH_4)_2SO_4$, gesättigte Lösung | 80 |
| $KNO_3$, gesättigte Lösung | 93,2 |
| $H_2O$ | 100 |

Die Bestimmung des Wassergehaltes in den Faserproben erfolgt nach *Karl Fischer,* indem das Wasser mit absolutem Methanol extrahiert und die Titration in einem aliquoten Anteil des Methanols durch Titration mit *Karl-Fischer*-Lösung vorgenommen wird.

Benetzungswärme:

Die PVY-Faserstoffproben im Umfang von 0,5 bis 1 g werden in 1 cm lange Stücke zerschnitten, in Ampullen gefüllt, 14 h bei 60 °C entgast und insgesamt 24 h evakuiert. Dann schmilzt man die Glasampullen ab. Die so vorbereiteten Proben werden in ein anisothermes Kalorimeter mit einem versilberten Kupfergefäß gegeben, das sich in einem evakuierbaren, mit einem Wassermantel umgebenen Isoliergefäß befindet. Die Temperaturmessung erfolgt mittels Thermistor. Der Gang des Kalorimeters wird mehrere Stunden verfolgt, dann wird die Ampulle zertrümmert und die Widerstandsänderung des Thermistors über ein Lichtmarkengalvanometer gemessen. Anschließend wird der Wasserwert des Kalorimeters durch Einschalten der Eichheizung nach $E = R \times I^2 \times t$ ermittelt ($R$ = Widerstand des Heizkörpers, $I$ = Stromstärke, $t$ = Zeit).

Aus dem Verhältnis der Temperaturänderung (Ausschlag des Galvanometers) bei der Messung und der Eichheizung ergibt sich unter Beachtung der zugeführten Energie die Benetzungswärme. Bei Umrechnung auf 1 g der Einwaage erhält man die integrale Benetzungswärme $H$, wobei ein Korrekturfaktor für die Änderung der Temperatur durch Zerschlagen der evakuierten leeren Ampulle in Rechnung gestellt wird.

Die Genauigkeit der Bestimmung beträgt ±10%.

## 3. *Ergebnisse und deren Diskussion*

### 3.1. *Oberflächenbestimmung*

Die Sorptionswerte ergeben nach BET die spezifische Oberfläche der Faserstoffe. Die Berechnungsweise für die Tieftemperatur-Gassorption wurde bereits angegeben [1]. Die erhaltenen Werte sind in Tabelle 1 wiedergegeben. Eine Diskussion erfolgte bereits an anderer Stelle [4], so daß hier nur im Zusammenhang mit den aus der Wasserdampfsorption errechneten Werten darauf zurückgekommen wird.

Die Wasserdampfsorption ist in den Bildern 1 bis 3 wiedergegeben worden. Es zeigt sich ein Sorptionsanstieg in der Reihenfolge WOLPRYLA-Reinpolymerisat-

*Tabelle 1. Vergleich der spezifischen Oberflächen von PVY-Faserstoffen nach der Tieftemperatur-Gassorptionsmethode (Ar) und der Wasserdampfsorptionsmethode*

| Faserstoff | | Spezifische Oberfläche in $m^2g^{-1}$ | |
|---|---|---|---|
| | | Tieftemp.-Gas-sorption | Wasser-dampf-sorption |
| WOLPRYLA-Reinpolymerisat | 20 °C | 7,7 | 31,7 |
| WOLPRYLA-Reinpolymerisat | 140 °C | 0,6 | 19,6 |
| WOLPRYLA-61 | 20 °C | 14,1 | 34,3 |
| WOLPRYLA-61 | 140°C | 1,1 | 21,3 |
| WOLPRYLA-61, hydrotherm. stabilisiert | 20 °C | 44,6 | 30,9 |
| WOLPRYLA-61 ,, | 140 °C | 2,5 | 26,1 |
| WOLPRYLA-65 | 20 °C | 0 | 46,2 |
| | 140 °C | 0,6 | 33,7 |

faser < WOLPRYLA-65 < WOLPRYLA-61. Zwischen der hydrothermisch stabilisierten WOLPRYLA-61-Faser und der nichtbehandelten ergeben sich keine wesentlichen Unterschiede.

In jedem Fall zeigt sich ein Abfall der Wasserdampfsorption mit steigender Temperatureinwirkung (die Behandlung erfolgte jeweils 10 min im vorgetrockneten Zustand).

Da eine chemische Veränderung des Materials ausgeschlossen werden kann, muß die Veränderung bei der thermischen Einwirkung auf strukturelle Beeinflussung der Oberfläche oder der Quellbarkeit zurückgeführt werden.

Der insbesondere bei WOLPRYLA-61 im nichtthermisch behandelten Zustand zu verzeichnende starke Anstieg der Wasseraufnahme bei hohen Feuchtewerten der umgebenden Atmosphäre dürfte durch eine Kapillarkondensation verursacht sein und läßt Rückschlüsse auf die Porenstruktur zu.

Der Anfangsteil der Sorptionsisothermen kann nach BET ausgewertet werden. Das erfolgt durch grafische Auftragung von

$$\frac{r.\,F.}{v(1 - r.\,F.)}$$

$r.\,F.$ = relative Luftfeuchte in %,
$v$ = absolutes Wasservolumen (gasförmig in ml)

über $r.\,F.$ im Bereich von $r.\,F.$ 0,05 bis 0,35.

Aus der Neigung der erhaltenen Geraden $\tan \alpha = m$ und dem Ordinatenabschnitt $b$ der auf $r.\,F. = 0$ extrapolierten Geraden ergibt sich das Volumen des zur monomolekularen Bedeckung der Oberfläche notwendigen Gases $v_m$.

Die spezifische Oberfläche $S$ errechnet man nach folgender Beziehung:

$$S = \frac{v_m \cdot N_L \cdot \sigma}{V \cdot m_E};$$

$N_L$ = *Loschmidt*sche Zahl $(6{,}023 \times 10^{23})$,
$\sigma$ = spezifischer Flächenbedarf eines Wassermoleküls in $m^2$,
$V$ = Molvolumen (22400 ml).

Der Flächenbedarf eines Wassermoleküls wird im allgemeinen unter der Annahme einer dichtesten Kugel-

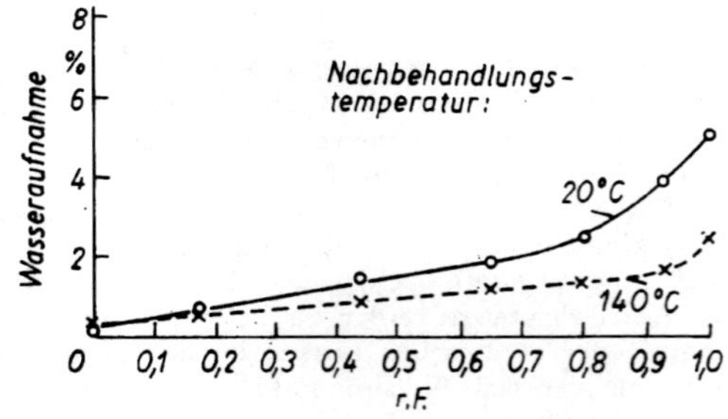


Bild 1. Adsorption von Wasserdampf bei 20 °C an WOLPRYLA-Reinpolymerisatfasern

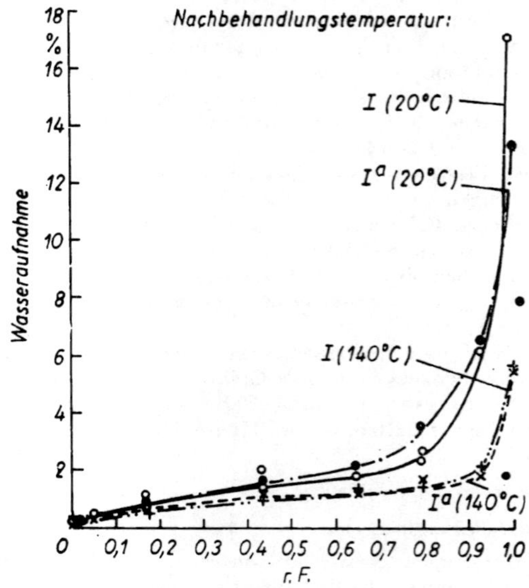


Bild 2. Adsorption von Wasserdampf bei 20 °C an WOLPRYLA-61 im Anlieferungszustand (I) und nach einer hydrothermischen Behandlung 3 s im kochenden Wasserbad ($I_a$)

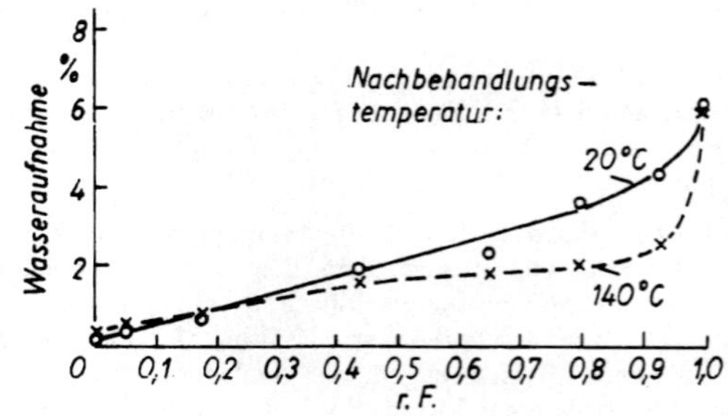


Bild 3. Adsorption von Wasserdampf bei 20 °C an WOLPRYLA-65

packung nach folgender Formel aus der Dichte errechnet:

$$\sigma = 1{,}091 \cdot \left(\frac{M}{\varrho \cdot N_L}\right)^{2/3};$$

$\varrho$ = Dichte in $g \cdot ml^{-1}$.

Der Wert für Wasser wird meist mit $\sigma = 10{,}6 \times 10^{-20}\,m^2$ eingesetzt. Die Werte für die spezifische Oberfläche der untersuchten Faserstoffe sind in Tabelle 1 zusammengefaßt. Es ergibt sich daraus, daß die Wasserdampfsorption bis auf eine Ausnahme (WOLPRYLA-61, hydrothermisch stabilisiert, bei 20 °C getrocknet) größere Werte für die Oberfläche ergibt als die Tieftemperatur-Sorption. Es werden also auch für Polyacrylnitrilfaserstoffe die in der Literatur zitierten Unstimmigkeiten zwischen beiden Methoden bestätigt. Dabei ist ungeklärt, ob das Material in der Temperaturspanne zwischen beiden Bestimmungsverfahren Umwandlungen unterliegt oder ob das Wasser zwischenmolekulare Bindungen sprengt und damit zu einer besseren Zugänglichkeit beiträgt.

*3.2. Bestimmung der Benetzungswärme*

Bei der Benetzung von Feststoffen mit Wasser werden die an der Oberfläche wirksamen Kräfte weitgehend abgesättigt und dadurch ein Energiebetrag in Form von Wärme freigesetzt. Die Benetzung führt also zu einer negativen Enthalphieänderung, die infolge des zu vernachlässigenden *pv*-Effektes der Änderung der inneren Energie gleichzusetzen ist [5].

Die Adsorptionsenthalphie ergibt sich nach folgender Gleichung:

$$h_{A(s,l)} = h_{s^0} + h_{l,g^0} - h_{s,l}\,,$$

$$h_{A(s,l)} = h_{l,g^0} - h_{I(s,l)},$$

$h_{A(s,l)}$ = Adsorptionsenthalpie,
$h_{s^0}$ = Enthalpie der Einheit der Feststoffoberfläche,
$h_{l,g^0}$ = Enthalpie der Einheit der Flüssigkeitsoberfläche,
$h_{I(s,l)}$ = Enthalpie der Einheit der Grenzfläche fest/flüssig,
$h_{s,l}$ = Benetzungswärme pro Einheit der Oberfläche.

Wird die Adsorptionsenthalpie auf die BET-Oberfläche bezogen, so erhält man nach einer teilweisen Absättigung der Oberfläche mit Wasserdampf Sorptionswärmen, die unter dem Wert der Oberflächenenthalpie für Wasser (118,5 erg/cm²) und damit unter der Kondensationsenergie des Wassers liegen.

*Hackerman* und *Wade* [6] fanden für Aluminiumoxid Werte bis unter 10 erg/cm². Sie stellten dann die Verkleinerung der spezifischen Oberfläche durch die Füllung von Poren mit Wasser in Rechnung und erhielten so eine korrigierte Kurve, die sich dem Wert 118,5 erg/cm² asymptotisch nähert, was für hydrophile Oberflächen zu erwarten ist. Daraus wird der Schluß gezogen, daß der bisher übliche Weg zur Ermittlung der Adsorptionswärme durch Subtraktion der Oberflächenenthalpie der Immersionsflüssigkeit von der experimentellen Immersionswärme der entgasten Oberfläche streng genommen nicht zulässig ist.

Dazu muß aber gesagt werden, daß die Ermittlung der Oberflächenverkleinerung bei der teilweisen Sättigung mit Adsorpt sehr aufwendig ist und dies bisher im allgemeinen nicht berücksichtigt wird.

Die ermittelten integralen Benetzungswärmen *H* sind in Tabelle 2 wiedergegeben.

Errechnet man aus der integralen Benetzungswärme die spezifische Benetzungswärme *h* unter Zugrundelegung der BET-Oberfläche, so müßten sich nach den Befunden von *Grosse* [7] konstante Werte ergeben. In den letzten beiden Spalten der Tabelle 2 sind die gefundenen Größen angegeben unter Anwendung der mit Argon bei 77,4 °K und mit Wasser bei 20 °C ermittelten Oberflächenwerte.

*Tabelle 2. Integrale und spezifische Benetzungswärmen verschiedener PVY-Faserstoffe*

| Faserstoff | Benetzungswärme integrale H cal g⁻¹ | spezifische $h_{Ar}$ erg cm⁻² | spezifische $h_{H_2O}$ erg cm⁻² |
|---|---|---|---|
| WOLPRYLA-Reinpolymerisat 20 °C | 1,10 | 600 | 145 |
| WOLPRYLA-Reinpolymerisat 140 °C | 0,45 | 1060 | 96 |
| WOLPRYLA-61, hydrotherm. stabilisiert 20 °C | 2,54 | 238 | (348) |
| WOLPRYLA-61 ,, 140 °C | 0,75 | 1260 | 120 |
| WOLPRYLA-65 20 °C | 0,85 | 0 | 77 |
| WOLPRYLA-65 140 °C | 0,74 | 5160 | 92 |

Aus der Tabelle lassen sich folgende Schlußfolgerungen ziehen:

1. Die Benetzungswärmen für verschiedene Polyacrylnitrilfaserstoffe liegen zwischen 0,45 und 2,45 cal/g. Für eine mit Lösungsmittel ausgetauschte Probe Reinpolymerisatfaser wurde sogar ein Wert von 4,58 cal/g gefunden.
2. Bezieht man die gefundenen Benetzungsenthalpien auf die bei der Tieftemperatur-Gassorption mit Argon gefundenen Faserstoffoberflächen, so ergeben sich spezifische Enthalpiewerte *h* zwischen 100 und 5160 erg/cm². Werte über 500 erg/cm² erscheinen jedoch zweifelhaft.
3. Legt man dagegen die aus der Wasserdampfsorption errechneten Oberflächenwerte zugrunde, so ergeben sich spezifische Enthalpiewerte, die in einer Größenordnung, und zwar zwischen 77 und 145 erg/cm², liegen. Nur ein Wert fällt heraus, er wurde in Klammer gesetzt.
4. Hier nicht im einzelnen wiedergegebene Werte für mit Lösungsmittel ausgetauschte Feuchtfaserproben liegen bei Zugrundelegung der BET-Oberfläche nach der Argonsorptionsmethode ebenfalls zwischen 100 und 150 erg/cm². Bei diesen Proben ist die gesamte Oberfläche schon bei tiefen Temperaturen zugängig. Durch die Trocknung erfolgt dann offensichtlich eine Verstärkung der Wechselwirkung zwischen den Makromolekülen, die erst durch das polare Wasser wieder gespalten werden kann.
5. Die durch Tieftemperatur-Gassorption nicht meßbare Oberfläche von WOLPRYLA-65 ergibt nach der Wasserdampfsorptionsmethode und der Benetzungswärme übereinstimmende und sinnvolle Werte.

*3.3. Hydrophilie*

Die Hydrophilie eines Faserstoffes wird charakterisiert durch die aufgenommene Wassermenge aus der umgebenden Atmosphäre. Als Bezugswert wird meistens die im Normalklima mit 65% *r. F.* und 20 °C aufgenommene Wassermenge angegeben.

Dieser Wert differiert, wie aus den Bildern 1 bis 3 zu erkennen ist, je nach Polymerzusammensetzung und thermischer Behandlung. Die Temperaturerhöhung führt zu einer Abnahme der Hydrophilie.

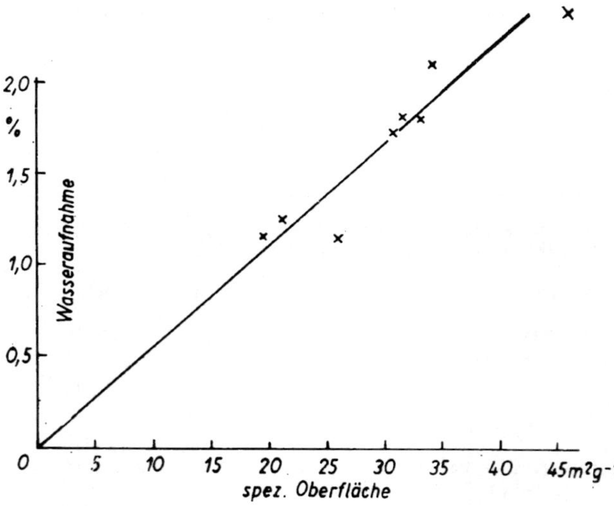


Bild 4. Wasseraufnahme im Normalklima in Abhängigkeit von der spezifischen Oberfläche bei Polyacrylnitrilfaserstoffen

Trägt man die aufgenommene Wassermenge in Abhängigkeit von der gemessenen Oberfläche auf, so ergibt sich bei der Zugrundelegung der Argonoberfläche kein Zusammenhang, bei den aus der Wasseraufnahme ermittelten Oberflächenwerten dagegen eine lineare Abhängigkeit zwischen Wasseraufnahme und spezifischer Oberfläche (Bild 4). Die Korrelation ist mit Ausnahme des auch in Tabelle 2 herausfallenden Wertes recht gut. Es ist also klar zu erkennen, daß die Wasseraufnahme durch Adsorption an der Oberfläche erfolgt.

## 4. *Zusammenfassung*

Es wird gezeigt, daß die nach der Tieftemperatur-Gas sorptionsmethode mit Argon ermittelte Oberfläche bei Polyacrylnitrilfaserstoffen in bedeutendem Umfang von den Werten abweicht, die sich aus der Wasserdampfsorption ableiten.

Die in Wasser ermittelten Benetzungswärmen der Faserstoffe geben bei Umrechnung auf die spezifische Oberfläche nur dann sinnvolle Werte, wenn die aus der Wasserdampfsorption ermittelten Größen herangezogen werden.

Die im Gleichgewicht aufgenommenene Menge an Wasser im Normalklima stützt diese Aussage, da nur die nach BET aus der $H_2O$-Adsorption erhaltenen Oberflächenwerte eine lineare Abhängigkeit ergeben.

Die mit Argon ermittelten Oberflächenwerte geben zwar Veränderungen in der Faserstruktur meist sehr deutlich wieder, besitzen aber nur beschränkte Gültigkeit für Aussagen über das Verhalten von Faserstoffen im wäßrigen Medium. Hier sollten besser die aus der Wasserdampfsorption ermittelten Werte für die spezifischen Oberflächen herangezogen werden.

*Danksagung*

Die vorgelegten Ergebnisse wurden im Institut für Technologie der Fasern der Deutschen Akademie der Wissenschaften zu Berlin in Dresden (Direktor Prof. Dr.-Ing. habil. *W. Bobeth*), erarbeitet. Beteiligt waren daran Frau *Charlotte Kühne* (Tieftemperatur-Gassorption) und Frau *Gerlinde Neumann* (Wasserdampfsorption). Herr Dr. *Wollschläger* vom Bereich Physikalische Chemie der Sektion Chemie an der TU Dresden führte die Messung der Sorptionswärmen aus. Ihnen allen gilt mein aufrichtigster Dank.

Das Untersuchungsmaterial stellte freundlicherweise der VEB Chemiefaserkombinat Schwarza „Wilhelm Pieck", Chemiefaserwerk „Friedrich Engels", Premnitz zur Verfügung.

*Literatur*

[1] *Flath, H.-J.*, und *Kühne, Ch.*: Zur Bestimmung der spezifischen Oberfläche von Faserstoffen mit Hilfe der Tieftemperatur-Gassorption. Faserforsch. u. Textiltechnik **19** (1968) S. 265–272.

[2] *Gregg, S. J.*, und *Sing, K. S. W.*: Adsorption Surface Area and Porosity. London/New York: Adacemic Press 1967, S. 82.

[3] *Rowen, J. W.*, und *Blaine, R. L.*: Sorption of nitrogene and water vapor on textile fibers. Ind. engng. Chem. **39** (1947) S. 1659–1663.

[4] *Flath, H.-J.*: Die Veränderung der spezifischen Oberfläche von Polyacrylnitrilfaserstoffen während des Herstellungsprozesses. Faserforsch. u. Textiltechnik **21** (1970) 6, S. 229–232.

[5] *Zettlemoyer, A. C.*: Immersional wetting of solid surfaces. Ind. engng. Chem. **57** (1965) S. 26–36.

[6] *Hackerman, N.*, und *Wade, W. H.*: Certain aspects of the interpretation of immersional heats of gels. J. physic. Chem. **68** (1964) S. 1592–1594.

[7] *v. Hornuff, G.*, und *Grosse, I.*: Über Veränderungen der Feinstruktur von Polyacrylnitrilfaserstoffen bei der Reckung und der thermischen Behandlung. Faserforsch. u. Textiltechnik **20** (1969) 7, S. 309–316; 8, 391–399.

[8] *Jeffries, R.*: The amorphous fraction of cellulose and its relation to moisture sorption. J. appl. Polymer Sci. **8** (1964) S. 1213–1220.

*Eingegangen am 5. Juni 1970*

Faserforschung und Textiltechnik 21 (1970) Heft 10


# Herstellung von Bikomponentenfaserstoffen auf Basis von Polyamiden[1]

*Dietrich Buskies und Helmut Kern*

*VEB Chemiefaserkombinat Schwarza „Wilhelm Pieck", 682 Rudolstadt*

DK 678.675:677.494[Bikomp.]:677.021.123.652:677.021.125.277:677.061.2

Obwohl das Erspinnen von Bikomponentenfaserstoffen komplizierter als das von herkömmlichen Faserstoffen ist, kann durch den Einsatz von spinntexturierten gegenüber mechanisch texturierten Faserstoffen insgesamt eine beträchtliche Einsparung an Kosten erzielt werden. Außerdem besitzen Bikomponentenfaserstoffe spezifische Vorzüge, die die Einsatzmöglichkeiten von Texturseiden erweitern können. Über einige Möglichkeiten und Bedingungen für die Herstellung von Bikomponentenfaserstoffen aus Polyamiden wird berichtet.

*Получение бикомпонентных болокон на основе полиамидов*

Несмотря на то, что формование бикомпонентных волокон является более сложным процессом, чем в случае классических волокон, значительное снижение общих затрат может быть достигнуть путем применения текстурированных в процессе формования волокон в сравнении с механически текстурированными волокнами. Кроме того, бикомпонентные волокна обладают специфическими преимущемтвами, позволяющими расширить области применения текстурированных нитей. Приведены некоторые возможности и условия получения бикомпонентных волокон на основе полиамидов.

*Preparation of Bicomponent Composite Fibres from Polyamides*

Allhough the spinning of bicomponent fibres presents itself as a more intricate process than that of common man-made fibres, the overall costs are lower with fibres textured in spinning than with those textured by mechanical means. Besides, the bicomponent fibres offer advantages that enlarge the possible scope of application of textured yarns. Some ways and conditions of producing bicomponent fibres from polyamides are reviewed.

## *1. Haupt- und Nebenbedingungen bei der Herstellung von Bikomponentenfaserstoffen nach dem Schmelzspinnverfahren*

Das Prinzip der Herstellung von Mehrkomponentenfaserstoffen besteht darin, daß zwei oder mehr verschiedene Polymere aus einem entsprechend konstruierten Spinnkopf ohne Vermischung gesponnen werden, so daß diese im ersponnenen Faden eng miteinander verwachsen, aber trotzdem getrennte Faserbereiche mit unterschiedlichen chemisch-physikalischen Eigenschaften bilden, wobei die Querschnittsverteilung längs der Fadenachse konstant oder veränderlich sein kann [1]. Auf Grund der besonderen Art der Zusammenführung der Komponenten im Spinnkopf kommt es in der Regel nur zur Ausbildung von physikalischen, nicht aber von chemischen Hauptvalenzbindungskräften an der Phasentrennfläche zwischen den verschiedenen Polymeren, wobei die gegenseitige Haftung der Komponenten von der Querschnittsverteilung, der chemisch-physikalischen Natur der miteinander ersponnenen Polymeren sowie den Spinnbedingungen abhängt und diese in starkem Maße die Gebrauchswerteigenschaften der fertigen Faser bestimmt. Besitzen die Komponenten genügend voneinander abweichende chemisch-physikalische Eigenschaften, wie Schrumpf-, Quellungs- und Kristallisationsverhalten, dann besitzen die Fäden nach dem Erspinnen und Recken latente Spannungen, die bei einer thermischen oder hydrothermischen Behandlung der Fäden im spannungslosen Zustand zur Ausbildung einer permanenten, äußerst beständigen dreidimensionalen Kräuselung führen. Die auf diese Weise erhaltenen Fäden sind in Abhängigkeit von der Größe der Schrumpfunterschiede der Komponenten, der Querschnittsanordnung, der Profilgebung sowie den Spinn- und Fixierbedingungen bauschig und elastisch, wobei je nach Wahl der genannten Parameter die Kräuselwerte der Fäden in weiten Bereichen variiert werden können.

Hauptbedingungen für die Herstellung von spontan kräuselnden Bikomponentenfäden sind:

1. Beide Komponenten müssen bei einer thermischen Behandlung unterschiedlich schrumpfen.

[1]) Vorgetragen von *Dietrich Buskies* zum wissenschaftlichen Kolloquium des Instituts zur Textiltechnologie der Chemiefasern Rudolstadt-Schwarza am 4. 7. 1969.

2. Die Komponenten müssen in Fadenquerschnitt asymmetrisch angeordnet sein.
   Fäden mit einer symmetrischen Verteilung der Komponenten im Querschnitt besitzen kein Kräuselpotential [2].

Nach *Brand* und *Baker* [3] kann die Kräuselfrequenz *Cf* in Kräuselbögen/Zentimeter Fadenlänge dargestellt werden aus dem Differenzschrumpfbetrag der Komponenten $\Delta S$, der asymmetrischen Verteilung $X$ im Querschnitt und der Fadenstärke $h$:

$$C_f = \frac{X \cdot \Delta S}{2 \cdot h},$$

wobei

$$\Delta S = S_a - S_b$$

und

$$S_a = \frac{L_0 - L_a}{L_0},$$

$$S_b = \frac{L_0 - L_b}{L_0}.$$

Bei gleicher Querschnittsverteilung und Fadenstärke ist die Kräuselfrequenz *Cf* direkt proportional dem Differenzschrumpfbetrag der Komponenten. Durch Änderung von $\Delta S$ in relativ großen Bereichen kann je nach verwendetem Spinnsystem die Kräuselfrequenz und damit die Elastizität des Fadens variiert werden. Darin ist einer der Hauptvorzüge von Bikomponentenfaserstoffen zu sehen. Man ist in der Lage, durch geringfügige Änderung des Spinnsystems mit der gleichen technologischen Grundkonzeption und technischen Ausrüstung Faserstoffe mit verschiedenen Kräuselwerten für spezifische Einsatzgebiete herzustellen.

Betrachtet man einen Bikomponentenfaden aus den Komponenten $A$ und $B$ (Bild 1), die halbkreisförmig im Querschnitt angeordnet sind, mit den Kochschrumpfwerten $S_a$ und $S_b$, wobei $S_a > S_b$ ist, dann entwickeln die Fadenhälften bei der Fixierung eine Schrumpfkraft $P_a$ und $P_b$, die dazu führen, daß sich der Faden verkürzt (Bild 2).

Wenn bei $S_b$ die niederschrumpfende Komponente $B$ bereits ausgeschrumpft und $P_b = 0$ ist, versucht sich die

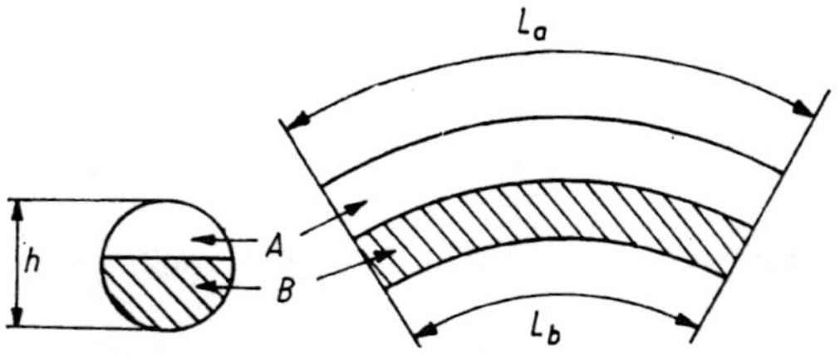


Bild 1. Querschnittsverteilung bei einem Bikomponentenfaden mit Segmentstruktur

$h$ = Fadendurchmesser
$L_0$ = Länge des Fadens in ungeschrumpftem Zustand
$L_a$ = Außenkante der Komponente $A$ im geschrumpften Faden
$L_b$ = Außenkante der Komponente $B$ im geschrumpften Faden

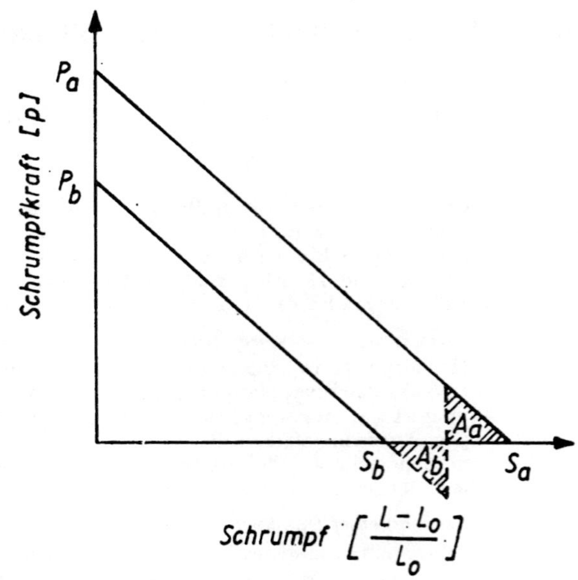


Bild 2. Schrumpfkraft/Kochschrumpf-Kurve für die Komponenten $A$ und $B$ eines Bikomponentenfadens

Komponente $A$ noch mit einer Kraft $P_a - P_b$ zu verkürzen. Sie wird durch $B$ daran gehindert. $A$ wird mit der Kraft $P_a$ gedehnt, während $B$ mit $P_a$ gestaucht wird. Während die Längenänderung bis $S_b$ ohne Kräuselung erfolgt, geht die weitere Schrumpfung unter Stauchung und Dehnung in der Weise vonstatten, daß der Faden in eine dreidimensionale Spirale gewunden wird. Ein Gleichgewicht wird erreicht, wenn die Dehnungsarbeit $A_a$ gleich der Kompressionsarbeit $A_b$ ist.

Da die Kräuselentwicklung im polyfilen Fadenstrang oder im textilen Flächengebilde nicht ohne äußere Hemmungskräfte abläuft, kann man bei der Analyse eine entsprechende Hemmungskraft $P_b$ einführen, wodurch die Kompressionsarbeit $A_b$ reduziert wird:

$$S_a' = S_a\left(1 - \frac{P_h}{P_a}\right).$$

In der Praxis kann $P_h$ etwas beeinflußt werden, indem man durch die Bindungstechnik oder die Mascheneinstellung dem Faden mehr oder weniger Raum zur Entwicklung seiner Kräuselung gibt. Fixiert man einen Bikomponentenfaden im wesentlichen ohne äußere Hemmungskräfte, dann bildet dieser je nach Konstanz seines Kräuselpotentials eine ziemlich regelmäßig gewundene Spirale, wobei die Wahrscheinlichkeit von $S$- und $Z$-Richtung der Spirale gleich ist. Nach einer bestimmten Anzahl von Windungen in der einen Richtung kehrt sich die Drehrichtung der Spirale an sogenannten „Wendepunkten" um (Bild 3).

Die durch die Kräuselentwicklung aufgestauten Drehmomente werden an den Umkehrstellen wieder abgebaut, so daß der Faden, über größere Längen gesehen, im Drehmoment ausgeglichen ist. Je nach dem Kräuselpotential und der Biegesteifigkeit des Fadens sind der Durchmesser der Spirale und die Anzahl von Kräuselbögen/Zentimeter bzw. die Anzahl von Kräuselbögen zwischen zwei benachbarten Wendepunkten größer oder kleiner. Für die einzelnen textilen Einsatzgebiete von Bikomponentenfaserstoffen ergeben sich für diese Parameter bestimmte Optimalwerte, die in Versuchsreihen ermittelt werden müssen, da die Geometrie der Bikomponenten-Spirale besondere Bedeutung für das Aussehen des textilen Flächengebildes hat.

Neben den genannten Hauptbedingungen — Schrumpfdifferenz und asymmetrische Anordnung der Komponenten im Fadenquerschnitt — müssen die zum gemeinsamen Spinnen verwendeten Polymeren einige Nebenbedingungen erfüllen, von denen die rheologische, chemisch-physikalische, strukturelle und thermische Ähnlichkeit am wichtigsten sind.

Unter der rheologischen Ähnlichkeit der Spinnkomponenten ist zu verstehen, daß diese beim Spinnprozeß im in Frage kommenden Spinntemperaturbereich und bei den angewandten Spinndrücken bzw. Fließgeschwindigkeiten annähernd gleiche Schmelzviskositäten besitzen sollen. Unterscheiden sich die Schmelzviskositäten beider Komponenten wesentlich, dann kommt es im Düsenkanal zur Ausbildung von unterschiedlichen Schubspannungen und Geschwindigkeitsverteilungen innerhalb der beiden Komponenten.

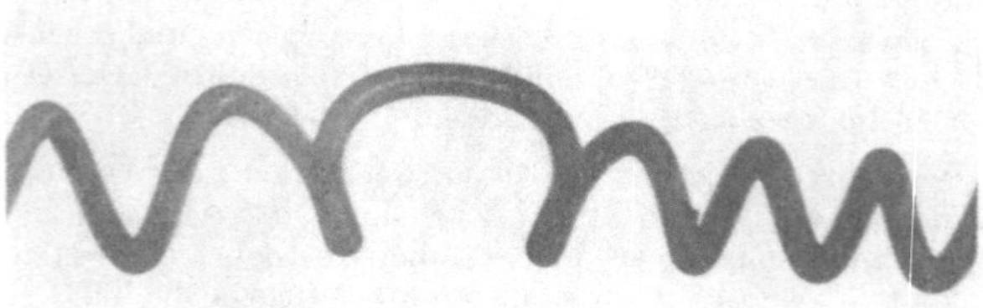

Bild 3. Wendepunkt von $S$- in $Z$-Richtung eines Bikomponentenfadens

Bild 4. Verwaschene Phasentrennfläche in einem Bikomponentenfaden aus Komponenten mit unterschiedlicher Schmelzviskosität

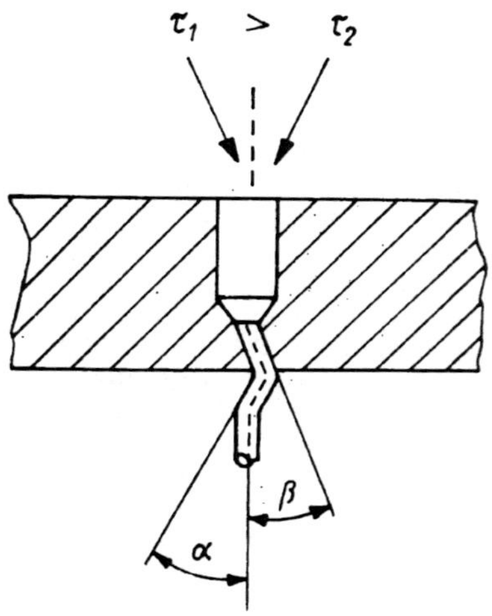


Bild 5. Düsenplatte mit geneigter Düsenfeinbohrung

$\tau_1, \tau_2$ = Schubspannungen der Komponenten
$\alpha$ = Abknickwinkel
$\beta$ = Neigung der Düsenbohrung

$$u_1 = u_2 \sqrt{\frac{\eta_2 \cdot F_1}{\eta_1 \cdot F_2}}$$

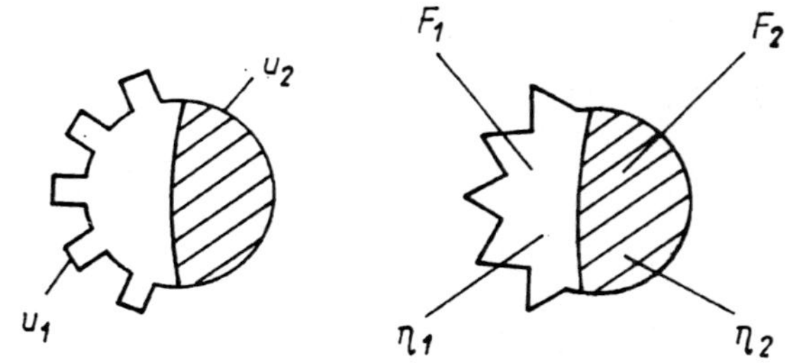


Bild 6. Halbseitig profilierte Düsenbohrung

$U_1, U_2$ = Länge der Düsenwandung für die beiden Komponenten
$\eta_1, \eta_2$ = Schmelzviskositäten der Komponenten
$F_1, F_2$ = Querschnittsflächen der beiden Komponenten

Die Folge davon ist, daß die Komponenten mit der geringeren Schmelzviskosität in der Düsenbohrung schneller fließt, als die Komponente mit der höheren Schmelzviskosität, wodurch nach Austritt der Schmelzen aus der Düsenbohrung ein Abknicken des Fadens aus der Lotrechten in Richtung der Komponente mit der höheren Schmelzviskosität erfolgt und durch Auftreten von Querströmungen im Düsenkanal unscharfe Phasentrennflächen im Faden entstehen. Das Abknicken des Fadens kann so stark werden, daß ein Spinnen überhaupt unmöglich wird. In Bild 4 ist der Querschnitt eines Fadens aus zwei Polycaproamidkomponenten dargestellt, die sich beim Extrudieren in ihren Schmelzviskositäten um ca. 300 P unterschieden haben. Derartige Schmelzviskositätsunterschiede können dazu führen, daß die Fäden unterhalb der Düsenbohrung korkzieherartig gewunden sind.

Durch geeignete Formgebung des Düsenkanals ist von verschiedenen Autoren versucht worden, den Fadenbildungsprozeß günstig zu beeinflussen. *Settele* [4] ordnet die Düsenbohrungen im spitzen Winkel in der Düsenplatte derart an, daß der Faden nach Verlassen der Düsenbohrung senkrecht abgezogen werden kann (Bild 5).

*Goossens* [5] schafft durch Profilierung der Wandung des Düsenkanals zusätzliche äußere Reibungskräfte für die niedrigviskose Schmelze, so daß insgesamt die Strömungsgeschwindigkeit für beide Komponenten gleich wird. Für betriebliche Verhältnisse erscheinen diese Maßnahmen jedoch ungeeignet (Bild 6).

Schmelzviskositätsunterschiede in der Größenordnung von 200 bis 300 P lassen sich durch ein duales Temperaturregime für beide Spinnkomponenten ausgleichen [6]. Am günstigsten erscheint es jedoch, wenn man durch geeignete Auswahl der Spinnkomponenten, Einstellung des Durchschnittspolymerisationsgrades und der chemischen Zusammensetzung der Komponenten dafür Sorge trägt, daß die Schmelzviskositätsunterschiede möglichst gering bleiben [7].

Um eine stabile Kräuselung und damit Elastizität des Fadens zu erreichen, müssen die Spinnkomponenten chemisch affin sein. Sind beispielsweise die physikalischen Bindungskräfte an der Phasentrennfläche der Polymeren niedriger als die Reckkräfte, dann kommt es zu einem Aufspleißen des Fadens. In geringem Umfang kann man durch Vergrößerung der Phasentrennfläche, durch Verwendung von Kern/Mantel-Strukturen anstelle von Segmentstrukturen oder durch Anbringen von Verhakungen die Adhäsionskräfte erhöhen [8]. Durch geeignete Auswahl der Reckparameter ist man weiterhin in der Lage, die Reckkräfte in gewissem Umfang zu senken. Jedoch gelingt es auf diese Weise nicht, beispielsweise eine ausreichend gute Haftung zwischen Homopolyamiden und Homopolyestern zu erreichen. Durch chemische Modifizierung der Spinnsysteme kann in vielen Fällen aber eine Verbesserung der Haftung erreicht werden. Homopolyamide untereinander, Homopolyamide und Copolyamide, Polyester und Copolyester oder verschiedene Polyolefine besitzen eine gute Haftung.

Insbesondere für die mehrfädige Verarbeitung ist es zweckmäßig, die Spinnkomponenten so auszuwählen, daß sie gleiches färberisches Verhalten zeigen, um unerwünschte Melangeeffekte oder Farbstreifigkeiten zu vermeiden. Das kann bei Polyamidfaserstoffen durch Verwendung verschiedenartiger Kettenlängenstabilisatoren oder durch Variation von Durchschnittspolymerisationsgrad und chemischer Zusammensetzung der Komponenten erreicht werden [9]. Durch Erspinnen von Kern/Mantel-Strukturen kann man erreichen, daß nur eine Komponente an der Fadenoberfläche erscheint und damit ein einheitlicher Farbausfall erreicht werden kann. Geringfügige Farbdifferenzen zwischen den Komponenten können durch entsprechende Abänderung der Färberezepturen ausgeglichen werden bzw. machen sich im polyfilen Fadenbündel auf Grund der Form der Bikomponenten-Spirale kaum störend bemerkbar.

Neben den genannten Bedingungen für das Erspinnen von Bikomponentenfäden haben die chemische Stabilität der Schmelzen bei den erforderlichen Spinntemperaturen, die zweckmäßigste Spinnpräparierung und die Art sowie die Parameter des Reckprozesses große Bedeutung für einen optimalen Produktionsverlauf.

## 2. *Rohstoffe für die Herstellung von Bikomponentenfaserstoffen aus Polyamiden*

In der Literatur wurde für die Herstellung von Bikomponentenfaserstoffen aus Polyamiden eine Vielzahl von Polymeren vorgeschlagen. Eine gewisse Systematisierung kann erfolgen, wenn man die vorgeschlagenen Spinnsysteme in folgende Gruppen einteilt:

1. Spinnen von chemisch gleichen Polymeren, wobei sich die Komponenten im Durchschnittspolymerisationsgrad, im Kristallinitätsgrad, der Kettenlängenverteilung oder anderen Parametern unterscheiden.
2. Spinnen von zwei chemisch unterschiedlichen Homopolymeren.
3. Spinnen eines Homopolymeren mit einem dazugehörigen Copolymeren.

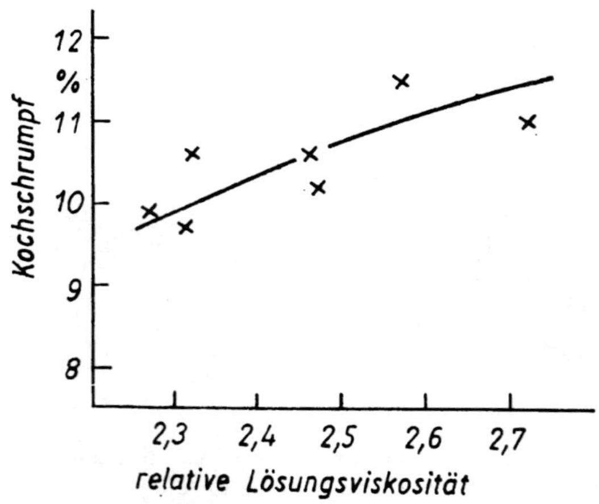


Bild 7. Abhängigkeit des Kochschrumpfes von der relativen Lösungsviskosität bei PAS 5 tex (12)

### 2.1. *Monopolymere Spinnsysteme*

Monopolymere Bikomponentenfaserstoffe stellen technologisch eine interessante Version dar, da eine Herstellung von verschiedenartigen Polymeren nach unterschiedlichen Technologien entfällt. Bekanntlich steigt der Schrumpf mit dem Durchschnittspolymerisationsgrad an. Bild 7 zeigt die Abhängigkeit des Kochschrumpfes vom Durchschnittspolymerisationsgrad, wobei die Fäden unter vergleichbaren Spinn- und Reckbedingungen hergestellt worden sind. Kombiniert man nun beispielsweise zwei Polycaproamidkomponenten mit einem Ausgangs-$\overline{P}n$ von 120 und 160, dann kann man einen Schrumpfunterschied von 2 bis 3% erreichen. Die Herstellung von derartigen Polymeren mit unterschiedlichem D$\overline{P}$n ist durch unterschiedliche Stabilisierung möglich. Auch kann man von einem gleichartigen Polymeren ausgehen und durch unterschiedliche Nachpolymerisation während des Aufschmelzens beider Komponenten einen entsprechenden D$\overline{P}$n-Unterschied erreichen [10]. Durch unterschiedlichen Gehalt an niedermolekularen Bestandteilen kann dabei die Kettenbeweglichkeit beider Komponenten während des Reck- und Fixierprozesses beeinflußt werden.

Die gemeinsame Spinnbarkeit solcher Polymerer bereitet jedoch erhebliche Schwierigkeiten auf Grund der beträchtlichen Schmelzviskositätsunterschiede. Bei Polyamiden erscheint daher dieser Weg nur gangbar, wenn man Bikomponentenfaserstoffe mit geringen Einkräuselungen, z. B. für Teppichgarne, synthetisches Puppenhaar u. ä. herstellen will. Für die Herstellung von Faserstoffen mit hohen Einkräuselungen wird man ohne eine Modifizierung des Spinnsystems kaum auskommen können.

Die Adhäsionskräfte an der Phasentrennfläche sind selbst bei hohen Schmelzviskositätsunterschieden ausreichend hoch, so daß ein Aufspleißen der Fäden nicht beobachtet wurde. Durch verschiedene Stabilisatoren für die Polymeren, z. B. mono- und bivalente Carbonsäuren, kann gleiche Aminoendgruppenkonzentration und damit eine ausreichende Farbgleichheit für die Spinnkomponenten erreicht werden. Über eine praktische Verwendung von monopolymeren Polyamidspinnsystemen ist bisher nichts bekannt geworden, dagegen haben monopolymere Systeme für Polypropylenfaserstoffe größeres praktisches Interesse.

### 2.2. *Systeme aus zwei chemisch verschiedenen Polymeren*

Die Verwendung von zwei verschiedenartigen Polymeren für das bikomponente Spinnen scheint zunächst sehr interessant, wenn es gelänge, bekannte Polymere, die nach bekannten Technologien hergestellt werden, miteinander zu kombinieren, wobei vorausgesetzt werden soll, daß die Komponenten bei gleichen Spinntemperaturen hinreichend beständig und rheologisch ähnlich sind. Da in vielen Chemiefaserbetrieben Polyamid- und Polyesterfaserstoffe hergestellt werden, war eine solche Polymerkombination naheliegend. Das Erspinnen solcher Fäden ist durchaus möglich und in zahlreichen Patentschriften beschrieben worden. Es können beträchtliche Schrumpfunterschiede und damit feinbogige Kräuselungen erreicht werden, jedoch liegen nach *Krapotkin* [11] die Adhäsionskräfte der Komponenten um eine Zehnerpotenz niedriger als die Reckkräfte, so daß es zu einem Aufspleißen der Komponenten beim Reckprozeß kommt. Praktisch kann man durch ein Aufspleißen der Filamente ein weiches, gering bauschfähiges, jedoch kaum elastisches Garn erhalten. Alle vorgeschlagenen Wege zur Verringerung des Aufspleißens von Polyamid/Polyester-Bikomponentenfaserstoffen durch Steuerung des Reckprozesses oder besondere Anordnung der Komponenten im Fadenquerschnitt haben bisher keine praktische Bedeutung erlangt.

Kombinationen von Polyamiden mit Polyolefinen, Polyformaldehyden, Polystyrol u. a. haben bisher auf Grund der strukturellen Unterschiede ebenfalls noch keine praktische Verwertung gefunden. Eine Kombination verschiedener Homopolyamide hat nur dann Aussicht auf Erfolg, wenn es gelingt, Polymere mit wesentlich voneinander verschiedenen Schrumpfcharakteristiken zu kombinieren. Eine Kombination von Polyamid 6 mit Polyamid 6.6 ist dabei wenig aussichtsreich, hingegen werden in letzter Zeit Polyamide mit einer wesentlich voneinander abweichenden $CH_2$-Zahl in den Monomeren vorgeschlagen, wie beispielsweise Polyamid 6 oder Polyamid 6.6 und Polyamid 11 [12].

### 2.3. *System Homopolymeres/Copolymeres*

Größtes praktisches Interesse haben Systeme von Homopolyamiden mit Copolyamiden, die nahezu alle Bedingungen erfüllen und sehr variabel sind. Durch geringe Zusätze eines zweiten Polymeren zum Homopolyamid kann man im Copolyamid gegenüber dem ersteren beträchtliche strukturelle Unterschiede und damit unterschiedliche Beweglichkeit der Polymerketten erreichen. Benutzt man beispielsweise als Homopolyamid Polyamid 6 und als Copolyamid ein Polymeres aus Polyamid 6 und Polyamid 6.6, dann kann man durch Variation des Gehaltes an Polyamid 6.6 technisch beherrschbare Schrumpfunterschiede von 20% und mehr erreichen. Dadurch wird das System Homopolyamid/Copolyamid sehr universell, so daß für spezielle Einsatzwünsche nahezu alle Endeigenschaften erreicht werden können. Beschränkungen treten durch die starke Schmelzpunkterniedrigung und die veränderte Wasseraufnahme mit steigendem Copolymergehalt auf. Durch abgestufte $\overline{P}_n$-Einstellung kann mit steigendem Gehalt an zweiter Polymerkomponente die Schmelzviskositätsgleichheit für beide Komponenten erreicht werden. Ebenso läßt sich die tiefere Anfärbbarkeit der Copolymerkomponente gegenüber der Homopolymerkomponente durch $\overline{P}_n$-Abstufung oder Verwendung von verschiedenen Kettenlängenstabilisatoren kompensieren [13].

Der Reck- und Fixierprozeß von Bikomponentenfaserstoffen sind so zu gestalten, daß die Homopolymerkomponente beim Reckprozeß maximal kristallisiert, während die Copolymerkomponente erst beim Fixierprozeß stärker kristallisieren kann [14]. Der Einsatz der einen oder anderen Polymerkombination wird hauptsächlich von der jeweiligen Rohstoffsituation bestimmt. So wird von Du Pont für CANTRECE das System Polyamid 6.6/Polyamid 6.6/6.10 verwendet, während andere Chemiefaserhersteller Polyamid 6/Polyamid 6/6.6 verwenden.

Zusammenfassend kann festgestellt werden, daß für die Herstellung von Bikomponentenfaserstoffen bekannte und großtechnisch bereits seit langem produzierte Polymere ein-

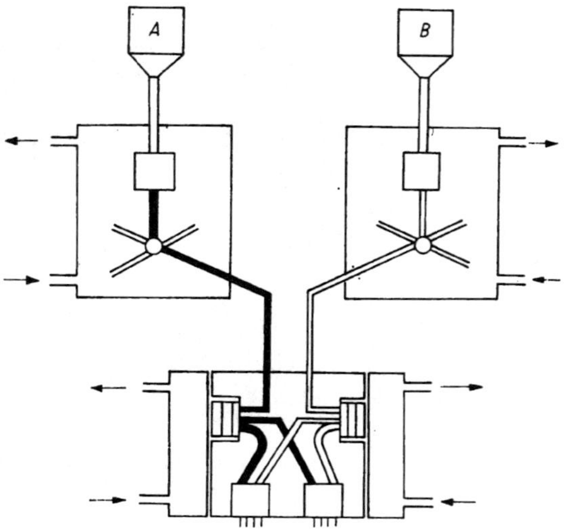


Bild 8. Bikomponenten-Spinnvorrichtung nach GBP 994336

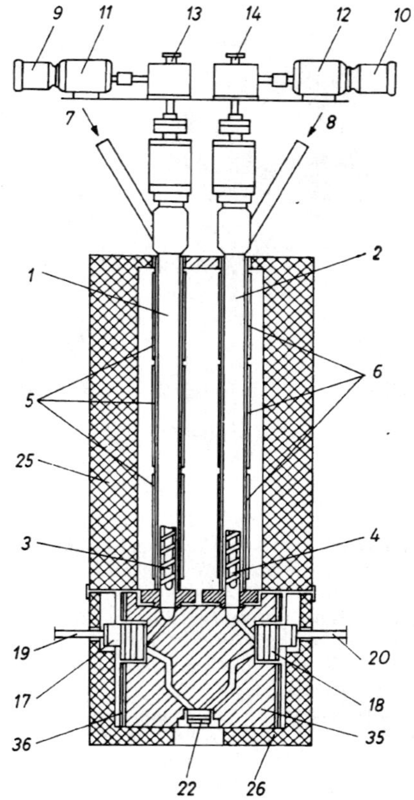


Bild 9. Bikomponenten-Spinnvorrichtung nach DWP 62892

gesetzt werden können. Eine kostspielige Entwicklung neuer Polymerer ist deshalb nicht erforderlich. Durch geringfügige chemische Modifizierung bekannter Polymerer können Copolymere mit hohen Schrumpfwerten hergestellt werden, die mit den dazugehörigen Homopolymeren variable Spinnsysteme bilden können. Durch einen Zusatz von wenigen Prozenten eines zweiten Monomeren bei der Polymerisation bzw. Polykondensation werden die technologischen Prozesse nicht wesentlich verändert, so daß die entsprechenden Copolymeren in der Regel in den für die Herstellung der Homopolymeren verwendeten technischen Anlagen hergestellt werden können.

## 3. *Erspinnen von Bikomponentenfaserstoffen aus Polyamiden*

Das Erspinnen von Bikomponentenfaserstoffen erfolgt in der Weise, daß die beiden Polymeren auf getrennten Aufschmelzvorrichtungen aufgeschmolzen, durch Pumpen zu den Düsenpaketen dosiert und unmittelbar vor oder in der Düsenplatte vereinigt werden. Die Parameter für das Aufschmelzen und Dosieren werden sinngemäß von den entsprechenden Einkomponentenspinnprozessen übernommen. Auch die nachfolgende Abkühlung und Aufwindung der Fäden auf Spulen nuterscheiden sich nicht vom herkömmlichen Spinnprozeß. In Bild 8 ist eine Spinnvorrichtung unter Verwendung von Gruppenaufschmelzrosten dargestellt [15]. Das Aufschmelzen der beiden Komponenten erfolgt auf diphenylbeheizten Rosten, die abwechselnd für Komponente *A* und für Komponente *B* in der Mitte einer zweiseitigen Spinnmaschine angeordnet sind und von denen aus über Druckpumpen und sternförmige Schmelzeverteilerleitungen beide Schmelzen jeweils zu den Spinnblöcken gelangen.

In Bild 9 ist eine Spinnvorrichtung mit zwei Extrudern als Aufschmelzorgan und getrennten Schmelzeverteilerbalken dargestellt [16]. Die Spinnvorrichtung ist für das Vierfachspinnen ausgelegt. Durch inzwischen entwickelte 4- und 8-Strompumpen kann die Anzahl von extrudierten Fäden pro Spinnstelle und damit die Produktivität der Anlage weiter gesteigert werden.

In den Bildern 10 und 11 wird das Prinzip der Herstellung von Bikomponentenfäden mit Segment- und Kern/Mantel-Struktur gezeigt [17].

Auf Grund der rheologischen Eigenschaften der Polymeren kann man auf eine strenge Trennung der Komponenten bis unmittelbar vor der Düsenplatte in bestimmten Fällen auch verzichten, und durch bewußte Vermischungen an

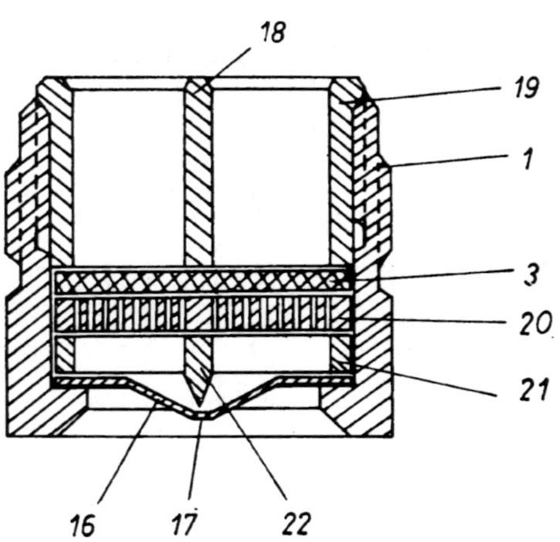


Bild 10. Spinndüse für Segment-Strukturen

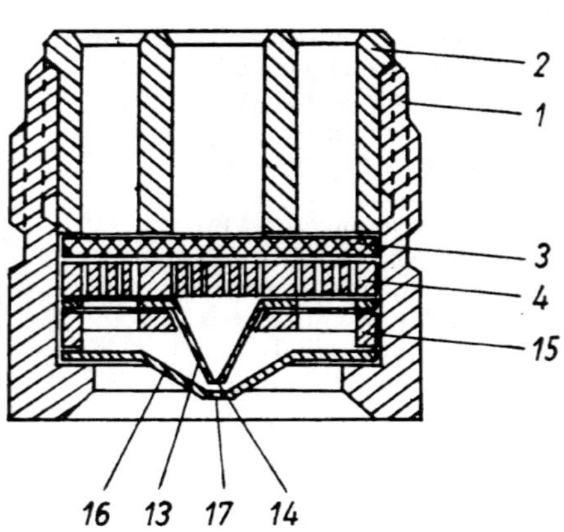


Bild 11. Düse für Kern/Mantel-Strukturen

Bild 12. Bikomponentenfaden mit Segment-Struktur

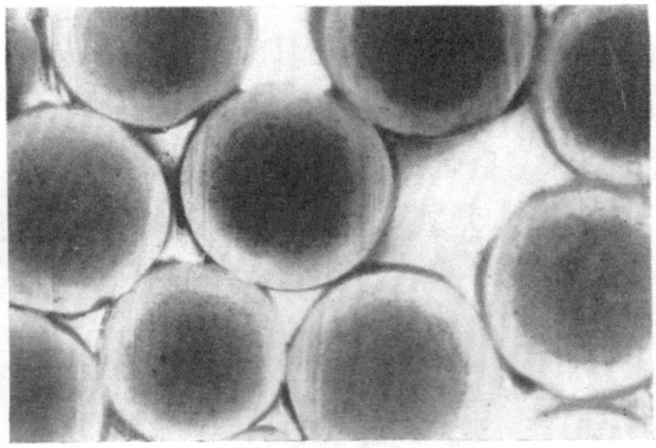

Bild 13. Bikomponentenfaden mit konzentrischer Kern/Mantel-Struktur

der Phasentrennfläche kann zum Teil eine bessere Haftung der Fadenhälften erzielt werden. Allerdings ist das in der Regel mit einem Verlust an Kräuselpotential verbunden. Da Fäden mit Segmentstruktur einfacher zu erspinnen sind und bessere Kräuseleigenschaften als solche mit exzentrischen Kern/Mantel-Strukturen besitzen, sind bisher nur Bikomponentenfäden für textile Einsatzgebiete mit halbkreisförmiger Querschnittsverteilung bekannt geworden. In den Bildern 12 und 13 werden Querschnitte von Bikomponentenfäden mit Segment- und Kern/Mantel-Struktur gezeigt.

Durch unterschiedliche Querschnittsverteilungen in den Filamenten eines polyfilen Fadens, durch Profilierung und Erspinnung von bikomponenten Hohlfäden lassen sich zahlreiche textile Effekte erzeugen.

Die Aufwindung der Bikomponentenfäden an der Spinnmaschine erfolgt mit den gleichen Geschwindigkeiten wie bei herkömmlichen Fäden, d. h. mit 800 bis 1200 m/min. Als Aufspulmaschinen kommen herkömmliche Spulmaschinen in Betracht. Das Feinheitsprogramm von Bikomponentenfäden reicht von 2,0 tex (1) bis zu Feinheiten von 20 tex und darüber mit Kapillarzahlen von 36 und mehr für den Einsatz in Wirkerei, Weberei, Strickerei, Teppichherstellung usw. Das zu bestreitende Feinheitsprogramm wird im wesentlichen von den zur Verfügung stehenden Düsenkonstruktionen bestimmt. Für Teppichgarne oder Stapelfasern sind inzwischen Düsenkonstruktionen mit 500 Löchern und darüber bekannt geworden.

Die Qualitätswerte von Bikomponentenfaserstoffen werden in starkem Maße von der Konstanz des Spinnprozesses bestimmt. Von der Temperaturkonstanz der Spinnschmelzen, einem engen Verweilzeitspektrum sowie einer genauen Dosierung der Komponenten hängen innere und äußere Gleichmäßigkeit der Bikomponentenfäden ab, wobei unter innerer Gleichmäßigkeit die Konstanz des Kräuselpotentials und unter äußerer Gleichmäßigkeit die Feinheitskonstanz zu verstehen sind. Der Regelung und Kontrolle von Temperatur und Druck der Spinnschmelzen kommen daher beim Bikomponentenspinnprozeß erhebliche Bedeutung zu.

Der Reckprozeß und die textile Bearbeitung von Bikomponentenfäden unterscheiden sich nicht wesentlich von entsprechenden herkömmlichen Verfahren. Die Reckung erfolgt mit Geschwindigkeiten von 600 bis 800 m/min. Je nach verwendetem Polymersystem kann die Reckung kalt oder heiß mittels beheizten Reckgaletten, Heizschienen oder Reckstiften erfolgen. Es hat sich in der Praxis gezeigt, daß selbst bei Polyamidspinnsystemen mit relativ niedrigen Umwandlungspunkten zweiter Ordnung ein Heißreckprozeß günstiger als eine Kaltreckung sein kann. Für bestimmte textile Einsatzgebiete ist eine Verarbeitung der Bikomponentenseide ab Reckzwirnkops mit einer Drehung von 10 bis 20 T/m möglich, während für spezielle Wünsche noch eine Zwirnung oder Fixierung notwendig sein kann.

In den textilphysikalischen Werten, wie Reißfestigkeit, Reißdehnung, Feinheitsschwankungen usw., unterscheiden sich Bikomponentenfäden aus Polyamiden nicht wesentlich von den entsprechenden herkömmlichen Monokomponentenfäden. Je nach thermischer Vorbehandlung der Fäden können Kochschrumpfwerte von 5 bis 8 oder auch von 25% und mehr erreicht werden, ohne daß sich die Entkräuselungsparameter stark unterscheiden. Die Entkräuselungswerte von geschrumpften Bikomponentenseiden können sich je nach Verwendungszweck relativ stark unterscheiden. CANTRECE 2,4 tex (1) besitzt eine Entkräuselung von etwa 95% bei 30 bis 35 Kräuselbögen/Zentimeter gekräuselter Fadenlänge und einen Bogendurchmesser von 0,25 mm. Es sind aber auch monofile Bikomponentenseiden mit Entkräuselungswerten von 200 bis 400% bei ca. 30 Kräuselbögen/Zentimeter und einem Bogendurchmesser von 0,30 bis 0,35 mm bekannt geworden, die zur Herstellung von hochelastischen Erzeugnissen verwendet werden können. Für spezielle Einsatzgebiete werden aber auch Bikomponentenseiden mit Entkräuselungswerten von 30 bis 50% hergestellt, die im textilen Flächengebilde im wesentlichen nur Bausch und wenig Elastizität entwickeln sollen.

Bikomponentenfaserstoffe stellen einen völlig neuen Typ von Texturseiden dar. Für spezielle Einsatzgebiete sind die Qualitätserwartungen von Bikomponentenseiden günstig einzuschätzen. Zwar befinden sich entsprechende Seiden erst im Entwicklungsstadium, jedoch kann heute bereits vorausgesagt werden, daß sich Bikomponentenfaserstoffe aus Polyamiden für gewirkte, gestrickte und gewebte Ober- und Unterbekleidung sowie Damenfeinstrümpfe in den nächsten Jahren einen bestimmten Marktanteil sichern werden.

### *Literatur*

[1] *Kern, H.:* Herstellung von Mehrkomponentenfäden. Formeln, Faserstoffe, Fertigware **2** (1968) S. 7—23.

[2] *Brown, T. D.*, und *Onions, W. J.:* A theory for the development of wool fibre crimp on drying. J. Textile Inst. **52** (1961) 3, S. T101—T108.

[3] *Brand, R. H.*, und *Baker, S.:* Mechanical principles of natural crimp of fiber. Textile Res. J. **32** (1962) S. 39 bis 49.

[4] Vorrichtung zum Herstellen von Verbundfäden. Société de la Viscose Suisse. DAS 1191072 vom 15. 4. 1965.

[5] Vorrichtung zum Herstellen von Verbundfäden. Inventa AG Luzern. SzP 454344 vom 15. 4. 1968.

[6] Vorrichtung zum Erspinnen von Mehrkomponentenfäden und -fasern. Kern, H. DWP 62892 und DWP 63117 vom 10. 4. 1967 bzw. 4. 2. 1967.

[7] Verfahren zur Herstellung von Mehrkomponentenfäden. Kern, H., DWP 65631 vom 28. 4. 1967.
[8] Komponentenfäden. Kanegafuchi Boseki Kabushiki Kaisha, Tokio. GBP 1048370 vom 16. 11. 1966.
[9] Verfahren zur Erzeugung von Spinnkräuselfäden und -fasern aus synthetischen linearen Hochpolymeren, wie Polyamiden und dgl. nach dem Schmelzspinnverfahren. Kern, H., DWP 55748 vom 30. 1. 1965.
[10] Verfahren zur Erzeugung von Spinnkräuselfäden und -fasern aus synthetischen linearen Hochpolymeren. Kern, H., und Schrot, R., DWP 60115 vom 27. 2. 1965.
[11] *Krapotkin, V. P., Kremer, E. B.*, und *Ajzenstejn, E. M.*: Über die Herstellung von Bikomponenten-Faserstoffen. Chim. Volokna (Chem. Fasern) (1968) 2, S. 7—9; dt. in: Sowj. Beitr. Faserforsch. Textiltechnik **5** (1968) 8, S. 406—409.
[12] Konjugierte Polyamidfäden. Kanegafuchi Spinning Co., Ltd. Tokio. JaP 14188/68 vom 15. 6. 1968.
[13] Verfahren zur Herstellung von Mehrkomponentenfäden und -fasern aus Polyamiden. Inh.: Kern, H., DWP 60384 vom 27. 7. 1966.
[14] Verbundfäden. E. I. du Pont de Nemours and Co., Wilmington, Del (US). DOS 1494730 vom 26. 11. 1965.
[15] Verfahren zum Schmelzspinnen von zusammengesetzten Fäden. E. I. du Pont de Nemours and Co., Wilmington, Del. (US). GBP 994336 vom 2. 6. 1965.
[16] *Kern, H.*, und *Konkin, A. A.*: Herstellung von Bikomponenten-Faserstoffen aus synthetischen Materialien. Chim. Volokna (Chem. Fasern) (1967) 3, S. 1—7.
[17] Vorrichtung zum Erspinnen von Mehrkomponentenfäden und -fasern. Kern, H., DWP 59365 vom 27. 4. 1966.

*Eingegangen am 20. März 1970*

# Kurze Mitteilungen[1]

## Trübungstitration verdünnter Polyacrylnitrillösungen in Dimethylformamid (DMF) mit Wasser/DMF-Mischungen

DK 678.745.32-498.3:543.436:66.062.855.5:66.062.11

Spinnt man Polyacrylnitril aus DMF-Lösungen in wäßrige Fällmedien, die zusätzlich DMF enthalten, so verändert sich in Abhängigkeit vom Lösungsmittelgehalt der Fällbäder die Struktur der entstehenden Gelfäden. Wir haben früher versucht, hierfür eine Erklärung zu geben [1]. Dabei wurde der Thermodynamik des Systems Wasser/DMF besondere Bedeutung beigemessen. Wir müssen heute auf Grund der Resultate von Trübungstitrationen diese Akzentuierung korrigieren.

*Tabelle 1. Trübungstitration einer 1%igen Homopolymerisat-Lösung mit DMF/Wasser-Mischungen*

| Fällmittel % DMF/ % Wasser | Fällmittelverbrauch ml | Wasserverbrauch g | g Wasser · 100 / g Gesamtmischung % |
|---|---|---|---|
| 0 : 100 | 2,63 | 2,62 | 9,9 |
| 9,6 : 90,4 | 2,85 | 2,57 | 9,6 |
| 19,2 : 80,8 | 3,20 | 2,59 | 9,5 |
| 29,0 : 71,0 | 3,75 | 2,66 | 9,6 |
| 38,8 : 61,2 | 4,35 | 2,67 | 9,4 |
| 48,7 : 51,3 | 5,37 | 2,76 | 9,4 |
| 58,8 : 41,2 | 7,48 | 3,07 | 9,8 |
| 68,9 : 31,1 | 10,58 | 3,26 | 9,5 |
| 79,2 : 20,8 | 24,10 | 4,91 | 10,3 |
| 84,3 : 15,7 | 58,83 | 9,00 | 11,1 |

25 ml einer 1%igen Homopolymerisat-Lösung in DMF wurden bei 20°C mit Wasser und Wasser/DMF-Mischungen unter ständigem intensivem Rühren bis zur beginnenden — visuell sichtbaren — Trübung titriert. Die Ergebnisse zeigt Tabelle 1.

Die in Spalte 3 der Tabelle 1 angegebenen Werte errechneten *wir* unter Berücksichtigung der Dichten der DMF/Wasser-Mischungen. Vergleicht man die Wasserkonzentrationen, die sich in dem jeweiligen System bei beginnender Trübung eingestellt haben, so wird offenbar, daß sie nicht von der Zusammensetzung der DMF/Wasser-Mischung abhängen. Die leichte Zunahme bei Einsatz der Mischungen mit 79,2 und 84,3% DMF-Anteil ist darauf zurückzuführen, daß hier das Polymere — infolge des erforderlichen hohen Fällmittelzusatzes — nur noch in einer Konzentration von 0,52 bzw. 0,31% vorliegt; wie wir in einer zweiten Versuchsreihe feststellten, ist aber der Fällmittelverbrauch von der Konzentration der vorgelegten Polymerisat-Lösung abhängig: Er steigt mit sinkender Polymerkonzentration etwas an. Die Wasserkonzentration im Gesamtsystem nimmt entsprechend zu (Tabelle 2).

*Tabelle 2. Wasserkonzentration im System bei Einsetzen der Trübung in %*

| Polymerisat-Konzentration der vorgelegten Lösung in % | Fällmittel Wasser | Fällmittel DMF/Wasser 58,8 : 41,2 |
|---|---|---|
| 0,21 | 12,8 | |
| 0,32 | 11,8 | |
| 0,52 | 10,6 | 10,5 |
| 0,73 | 10,2 | |
| 1,04 | 9,9 | 10,0 |
| 1,56 | | 9,2 |
| 2,06 | | 8,6 |

Aus den Ergebnissen läßt sich somit die Schlußfolgerung ableiten: Der die Fällkraft bestimmende Bestandteil der DMF/Wasser-Mischungen ist allein das Wasser; seine Wirkung wird durch das DMF weder erhöht noch abgeschwächt. Die Zusammenhänge zwischen DMF-Gehalt der Fällbäder und Strukturbildung können also lediglich auf eine veränderte Kinetik der Ausfällung zurückgeführt werden.

[1] *Gröbe, V.* und *Mann, G,*: Strukturbildung beim Spinnen Polycorylnitrillösungen in wäßrige Fällbäder. Faserforsch. u. Textiltechnik **19** (1968) 2, S. 49—55.

*Volker Gröbe*
Deutsche Akademie der Wissenschaften zu Berlin, Institut für Faserstoff-Forschung in Teltow-Seehof

*Eingegangen am 9. Juli 1970*

[1]) Die Veröffentlichung der „Kurzen Mitteilungen" erfolgt unter alleiniger Verantwortung der Verfasser.

# Differential-thermoanalytische Untersuchungen an Polyäthylenterephthalat

## IV. Der Einfluß der relativen Molekülmasse auf das Kristallisations- und Schmelzverhalten[1])

DK 678.674'524'420:543.226:541.24:536.421.1:548.52:66.062.55:66.062.412.42-13

Mit Hilfe der Differential-Thermoanalyse (DTA) wurde der Einfluß der relativen Molekülmasse auf das Kristallisations- und Schmelzverhalten von Polyäthylenterephthalat (PÄT) untersucht. Als Meßgerät wurde der Registrierende Vakuum-Thermoanalyzer der Firma Mettler, Zürich, verwendet. Die zu untersuchenden PÄT-Proben[2]) waren röntgenamorph und hatten eine Dichte von ca. 1,340 g/cm³. Die relativen Molekülmassen bzw. die entsprechenden relativen Lösungsviskositäten wurden an 0,5%igen Lösungen des PÄT in Phenol/Tetrachloräthan (Masseverh. 1 : 1) bestimmt.

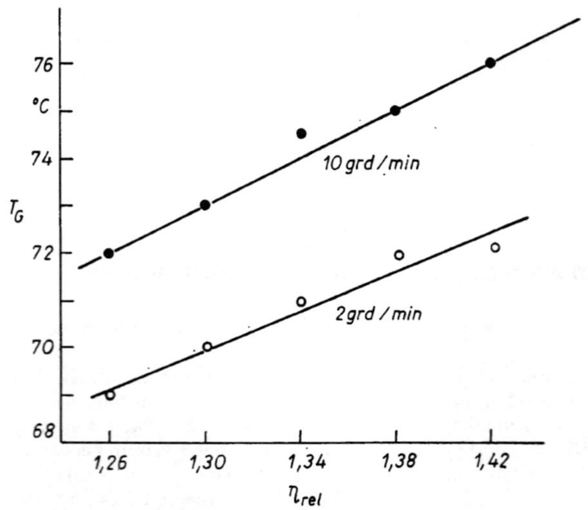


Bild 1. Abhängigkeit der Glasumwandlungstemperatur von der relativen Molekülmasse und der Heizgeschwindigkeit

Die Kristallisation des PÄT wurde sowohl während des gleichmäßigen Aufheizens der Proben untersucht („Kaltkristallisation") als auch während der Abkühlung aus der Schmelze. Die maximale Schmelztemperatur betrug 290°C, die Verweilzeit bei dieser Temperatur ca. 5 min. Außerdem wurden die Aufheiz- und Abkühlungsgeschwindigkeiten variiert.

In Bild 1 ist die Gasumwandlungstemperatur ($T_G$) in Abhängigkeit von der relativen Molekülmasse dargestellt. Hiernach steigt die Glasumwandlungstemperatur mit zunehmender relativer Molekülmasse an. Außerdem folgt aus Bild 1, daß mit zunehmender Heizgeschwindigkeit höhere Werte für die Glasumwandlungstemperatur gefunden werden.

Erwartungsgemäß erhöht sich mit steigender relativer Molekülmasse die Temperatur der Kaltkristallisation (Kri-

[1]) III s. *Wiesener, E.*, und *Hoffrichter, S.*: Faserforsch. u. Textiltechnik **21** (1970) 5, S. 189–195.

[2]) Für die Herstellung und freundliche Überlassung der PÄT-Proben sei Herrn Dipl.-Chem. *Lück* vom VEB Chemiefaserwerk „Friedrich Engels", Premnitz, herzlich gedankt.

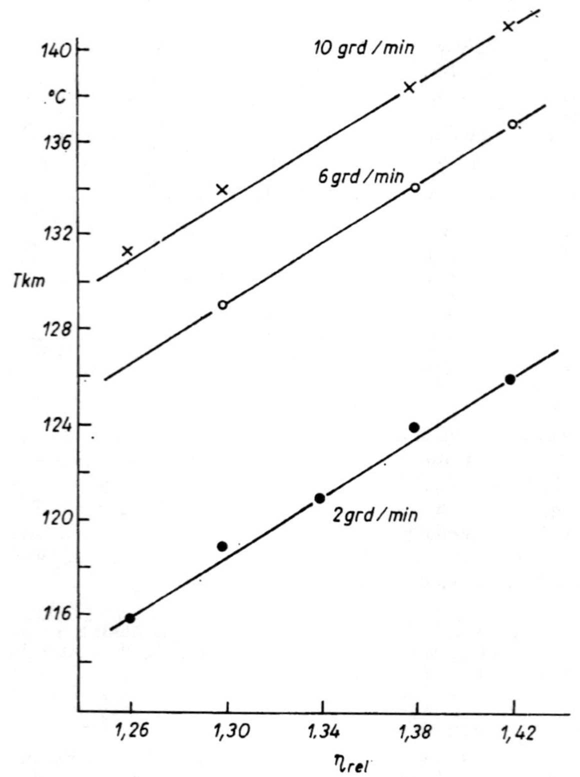


Bild 2. Abhängigkeit der Kaltkristallisations-Temperatur (Peakmaximum) von der relativen Molekülmasse und der Heizgeschwindigkeit

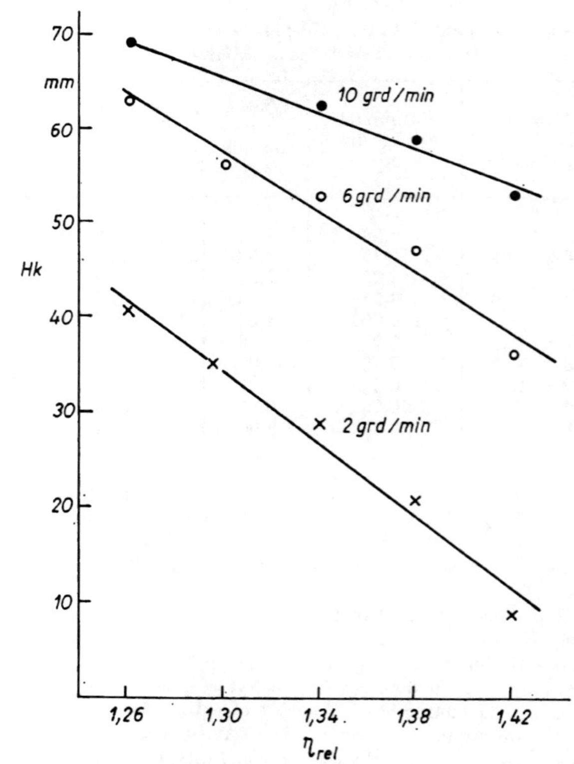


Bild 3. Höhe des Kaltkristallisations-Peaks als Funktion der relativen Molekülmasse und der Heizgeschwindigkeit

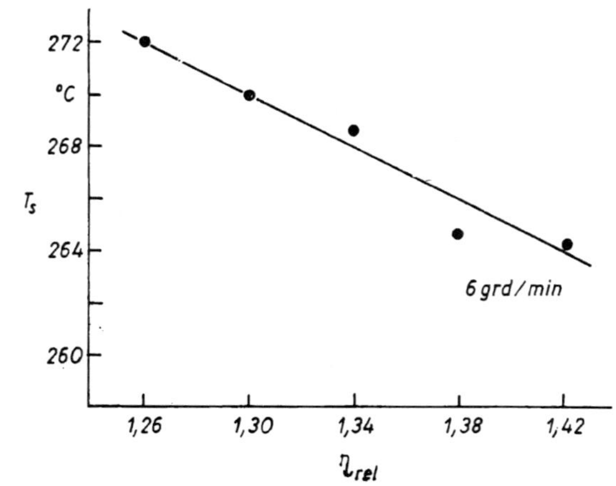


Bild 4. Abhängigkeit des PÄT-Schmelzpunktes von der relativen Molekülmasse

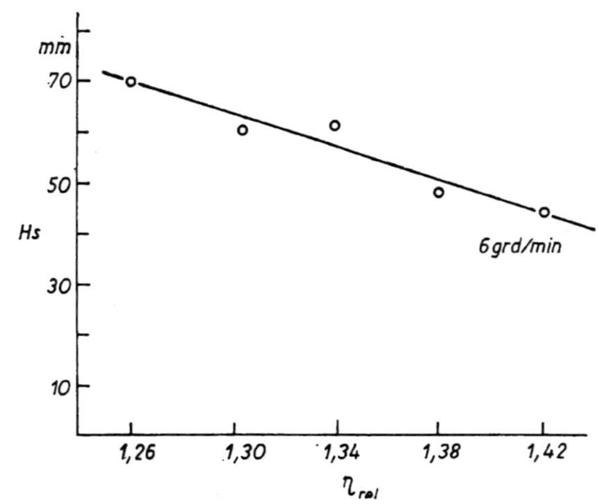


Bild 5. Höhe des Schmelzpeaks als Funktion der relativen Molekülmasse

stallisationspeak-Maximum-Tkm), während die Intensität des Kaltkristallisationsvorganges (Höhe und Fläche des Kristallisationspeaks) abnimmt (vgl. Bild 2 und 3). Eine Erhöhung der Heizgeschwindigkeit bewirkt ebenfalls einen deutlichen Anstieg der Kristallisationstemperatur.

Die Verminderung der Kristallisationsgeschwindigkeit mit steigender relativer Molekülmasse wird auch durch den Verlauf der DTA-Schmelzkurven angezeigt. Aus den Bildern 4 und 5 ist ersichtlich, daß mit zunehmender relativer Molekülmasse des PÄT sowohl der Schmelzpunkt als auch die Intensität des Schmelzvorganges (Höhe und Fläche des Schmelzpeaks — Maße für die Schmelzwärme) herabgesetzt werden. Das bedeutet, daß die Proben mit niedriger relativer Molekülmasse während des Aufheizens eine stabilere Kristallitstruktur bzw. einen höheren Ordnungsgrad erreichen als die Proben mit einer höheren relativen Molekülmasse.

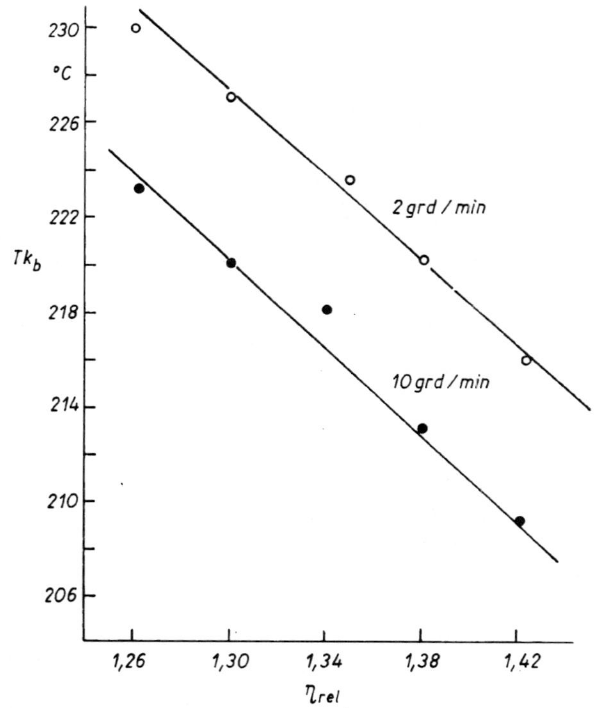


Bild 6. Temperatur des Kristallisationsbeginns (Abkühlung der Schmelze] in Abhängigkeit von der relativen Molekülmasse und der Abkühlungsgeschwindigkeit

Auch beim Abkühlen der PÄT-Schmelze kann ein starker Einfluß der relativen Molekülmasse auf die Kristallisationsgeschwindigkeit nachgewiesen werden: Die Kristallisation aus der Schmelze setzt bei um so höheren Temperaturen ein, je niedriger die relative Molekülmasse ist (vgl. $Tk_b$ in Bild 6). Mit zunehmender Abkühlungsgeschwindigkeit erniedrigen sich erwartungsgemäß die Temperaturen des Kristallisationsbeginns.

*Anmerkung:*

In den Bildern 3 und 5 wird als Maß für die Kristallisations- bzw. Schmelzwärme des PÄT jeweils die DTA-Peak-Höhe als Funktion der relativen Molekülmasse dargestellt. Streng genommen sind nur die DTA-Peak-Flächen ein exaktes Maß für die entsprechenden Wärmeeffekte. Da wir jedoch bei allen DTA-Messungen an PÄT eine sehr gute Korrelation zwischen den Peakflächen und -höhen fanden und außerdem die Peakhöhen wesentlich genauer bestimmt werden konnten, wurden diese anstelle der Peakflächen in den Bildern 3 und 5 dargestellt.

*Ernst Wiesener*

VEB Chemiefaserkombinat Schwarza „Wilhelm Pieck“
Direktorat Wissenschaft

*Eingegangen am 15. April 1970*

16. Mitt. des FA Textilterminologie der KDT

DK 001.4:677.021.45

| FA Textilterminologie der Kammer der Technik | **Texturieren** Begriff – Verfahren – Kurzzeichen | 16. Mitteilung November 1969 |
|---|---|---|

*Der FA Textilterminologie hat die nachstehenden Begriffsfestlegungen bestätigt und zur Veröffentlichung freigegeben. Ihre Anwendung im gesamten wissenschaftlichen und technischen Sprachgebrauch sowie im Schrifttum und in Standards wird empfohlen.*

*1. Begriff*

Texturieren[1]) ist das physikalische und/oder chemische Verändern von Fäden, um das Volumen zu vergrößern und/oder die elastische Dehnung zu erhöhen.

*2. Texturierverfahren*

| Nr. | Benennung | Kurz-zeichen | Erläuterung |
|---|---|---|---|
| 2.1. | Mechanisch-thermische Verfahren | | |
| 2.1.1. | Drehungs-Verfahren | | |
| 2.1.1.1. | Echtdraht-Verfahren | ED | Ein Faden wird in getrennten Arbeitsgängen gedreht, thermofixiert und rückgedreht |
| 2.1.1.2. | Falschdraht-Verfahren[2]) | FD | Ein Faden wird in einem Arbeitsgang gedreht, thermofixiert und rückgedreht |
| 2.1.1.3. | Zwirntrenn-Verfahren | ZT | Zwei Fäden werden in einem Arbeitsgang verzwirnt, thermofixiert und wieder voneinander getrennt |
| 2.1.2. | Stauch-Verfahren | ST | Ein Faden oder eine Fadenschar wird in eine Kammer gedrückt, dabei gestaucht und thermofixiert |
| 2.1.3. | Klingen-Verfahren | KL | Ein Faden wird über eine Klinge oder Kante gezogen. Der Textureffekt wird unmittelbar nach diesem Vorgang oder durch thermische Nachbehandlung ausgelöst |
| 2.1.4. | Strickfixier-Verfahren | SF | Ein Faden wird verstrickt, dann wird das Gestrick thermofixiert und aufgetrennt |
| 2.1.5. | Zahnrad-Verfahren | ZR | Ein Faden oder eine Fadenschar durchläuft Zahnradpaare. Der Textureffekt wird unmittelbar durch diesen Vorgang oder durch thermische Nachbehandlung ausgelöst |
| 2.1.6. | Lamellen-Verfahren | LA | Ein Faden wird über Lamellen geführt, in Schleifen gelegt und dabei thermofixiert |
| 2.2. | Strömungstechnische Verfahren | | |
| 2.2.1. | Düsen-Verfahren | DS | Elementarfäden oder Fasern eines Fadens oder mehrerer Fäden werden in einer Düse mittels turbulenter Strömung verwirbelt |
| 2.3. | Schrumpf-Verfahren | | |
| 2.3.1. | Bikomponenten-Verfahren | BK | Elementarfäden oder Fasern eines Fadens bestehen aus unterschiedlich schrumpfenden Komponenten im Querschnitt. Der Textureffekt wird durch thermische Nachbehandlung ausgelöst |
| 2.3.2. | Differenzschrumpf-Verfahren (früher: Hochbausch-Verfahren) | DI | Ein Faden besteht aus Elementarfäden oder Fasern mit unterschiedlichen Schrumpfeigenschaften. Der Textureffekt wird durch thermische Nachbehandlung ausgelöst |

[1]) Anhängekurzzeichen für texturiert nach TGL 142-5001: -t.

[2]) Ein Modifizieren, z. B. des Falschdrahtverfahrens zum Verringern der Dehnung durch Nachfixieren, ist mit dem Kurzzeichen „m" zu kennzeichnen: FDm.

*3. Bezeichnung*

Das Kurzzeichen für des Texturierverfahren kann mit in die Kurzbezeichnung des Fadens nach TGL 142-5001 aufgenommen werden. Es steht dann ohne Zwischenraum hinter dem Anhängekurzzeichen für die Ausführungsart -t (texturiert).

| Beispiele: | PA-S-tFD | Nach dem Falschdrahtverfahren texturierte Polyamidseide |
|---|---|---|
| | PVY-G-tDI | Nach dem Differenzschrumpfverfahren texturiertes Garn aus Polyakrylnitrilfaser |

DK 001.4:677.1/.5:[381.822/.823:347.772]

| Fa Textilterminologie der Kammer der Technik | **Faserstoffbezeichnung in Verbindung mit Handelsnamen oder Warenzeichen** | 15. Mitteilung Dezember 1968 |
|---|---|---|

*Der FA „Textilterminologie" hat die nachstehenden Festlegungen bestätigt und zur Veröffentlichung freigegeben. Ihre Anwendung im gesamten wissenschaftlichen und technischen Schrifttum sowie in Standards wird empfohlen.*

1. Im wissenschaftlich-technischen Schrifttum ist an erster Stelle die Faserstoffart zu nennen; der Handelsname oder das Warenzeichen darf folgen. Letzteres ist in Versalien zu schreiben und durch das allgemein übliche Zeichen ® kenntlich zu machen; dieses kann im laufenden Text entfallen.

Beispiele: Polyolefinfaserstoffe oder PO
Polyakrylnitrilfaser WOLPRYLA® oder PVY-F WOLPRYLA®
Viskosefaser REGAN® oder VI-F REGAN®
Polyamidseide DEDERON® oder PA-S DEDERON®

2. Im sonstigen Schrifttum darf an Stelle der Faserstoffart der Handelsname oder das Warenzeichen verwendet werden, an die mit einem Bindestrich die Erscheinungsform der Faserstoffart angefügt wird.

Beispiele: PIVIACID®-Faser
GRISUTEN®-Seide

# Neue Bücher

*Encyclopedia of Polymer Science and Technology. Plastics, Resins, Rubbers, Fibers.* Vol. 9: Molding to Petroleum Resins. Hgg. von *Herman F. Mark, Norman G. Gaylord* und *Nobert M. Bikales.* New York/London/Sidney: Interscience Publ., Wiley & Sons 1968. XV, 860 S. Lwd. Subskriptionspreis 350 s; Einzelpreis 470 s.

Es gibt für den aufgeschlossenen Polymer-Fachmann derzeit nichts Besseres als dieses Werk. Jedem ist zu wünschen, daß er diese Spitzenleistung zu Augen bekommt. Das ist — wieder einmal — die Erkenntnis des Rezensenten nach Lektüre des 9. Bandes.

Er beginnt mit dem Kapitel *Molding*, das unterteilt ist in die Abschnitte *Glossary, Compression and transfer m., Injection m., Blow m., Rotational m.* und *Auxiliary procedures.* Für die insgesamt 157 Seiten zeichnen sieben Autoren verantwortlich (*J. L. Hull, L. J. Zukor, G. E. Pickering, R. E. Duncan, D. R. Ellis, R. A. McCord* und *A. B. Hitchcock*). Wer Polymere aus dem erweichten oder geschmolzenen Zustand verformt, wird von dieser instruktiven Arbeit profitieren.

Einen gestrafften Überblick über den Komplex Molekulargewichtsbestimmung gibt das entsprechende Kapitel von *M. J. R. Cantow* (12 S.). Die Methoden werden nur prinzipiell vorgestellt. Ebenfalls als Einführung ist die Studie über *Monodisperse Polymers* zu betrachten (*H. K. Livingston*, 9 S.).

Die Kompetenz der Autoren *P. Ingram* und *A. Peterlin*, über Polymer-Kristalle zu schreiben, beweist jede der 71 Seiten ihres Kapitels *Morphology.* Eine große Anzahl hervorragend reproduzierter EM-Aufnahmen macht das spröde Thema sehr anschaulich. Über 500 Literaturhinweise (im wesentlichen bis 1967) öffnen die Tür für ein tieferes Eindringen in dieses Gebiet.

Zweifellos sind die kritischen Bemerkungen, die *R. B. Fox* zum Problem *Nomenclature* macht (9 S.), grundsätzlich berechtigt; wir sahen allerdings bisher noch nicht die Gefahr, daß die Polymerwissenschaft in dieser Hinsicht einem Chaos entgegentreibt.

Etwas kurz und daher geheimnisvoll geraten ist der Abschnitt *Nonwoven Fabrics* (*N. M. Bikales*, 11 S.). Wenn es interessant wird, verweist der Autor in andere Kapitel.

In der Arbeit über *Nuclear Magnetic Resonance* (41 S.) setzt *F. A. Bovey* ein erhebliches Maß an physikalischen Grundkenntnissen voraus. Es fehlt eine Diskussion der Vor- und Nachteile kommerzieller Geräte.

Im Kapitel *Olefin Fibers* (*V. L. Erlich*, 37 S.) steht gerade so viel drin, wie man als Nicht-Auskenner über diesen Fasertyp wissen will: etwas Geschichte, die wichtigsten physikalischen, chemischen und textilphysikalischen Kennwerte und Eigenschaften, die Prinzipien der Herstellungstechnologie — wobei auch kurz auf die *Split-film*-Methode, die *Spinbonded Products* und auf die *Sprayed Fibers* eingegangen wird. Der Leser lernt die Probleme der Stabilisierung gegen thermischen Abbau und die der Anfärbung kennen, und schließlich werden auch ökonomische Aspekte dargelegt.

*Oligomers* (*G. Heidemann*, 22 S.) bringt das Wesentliche über diese — meist unerwünschten — Verbindungen, die ja besonders bei der Herstellung von Synthesefasern ihre Rolle spielen.

*Optical Properties* (*E. Meinecke, C. T. O'Konski, S. Redner* und *R. Zand*, 99 S.), unterteilt in *Survey, Kerr effect, Photoelasticity* und *Optical rotatory dispersion*, ist eine recht ausführliche Arbeit; u. E. enthält sie etwas zu viele Details im Vergleich zu anderen — auch wichtigen — Gebieten.

Das Kapitel *Orientation* (*Z. W. Wilchinsky*, 25 S.) bietet einen Querschnitt der Problematik; es geht nicht auf Einzelheiten der experimentellen Methoden zur Messung der O. ein, da hierfür spezielle Artikel reserviert sind. Auch unter *Osmometry* (*S. G. Weissberg* und *J. E. Brown*, 10 S.) ist nur das Notwendigste zur Theorie und Methodik zusammengefaßt.

*R. P. Whitney* und acht weitere Mitarbeiter des Institute of Paper verfaßten das Kapitel *Paper* (34 S.). Klar und übersichtlich wird hier hauptsächlich die Technologie dargestellt. Der Einsatz von Polymeren bei der Papierherstellung wird anschließend in einer separaten Arbeit ausführlich diskutiert (*Paper Additives and Resins, N. R. Elred*, 46 S.).

Auf kleinem Raum (13 S.) beschäftigt sich der Abschnitt *Permeability* (*H. Yasuda* und *H. G. Clark*) mit einem Gebiet, das für viele Zweige der Polymertechnologie bedeutsam ist.

Das Kapitel *Peroxy Compounds* (*O. L. Mageli* und *J. R. Kolczynski*, 27 S.) gewährt eine gute Übersicht über diese für den Polymerchemiker so vielseitig verwendbare Stoffgruppe.

Zu den für Faserforscher und Textiltechnologen „abseitigen" Artikeln gehören die Abschnitte *Natural Polymers* (*T. M. Chapman* und *S. W. Fox*, 40 S.) und *Origin of Live* (*C. Ponnamperuma* und *L. Caren*, 10 S.). Aber auch sie verführen dazu, bis zum Ende zu lesen. *V. Gröbe*

*Magnetische Kernresonanz und chemische Struktur.* Von *H. Strehlow.* 2. erw. Aufl. Darmstadt 1968: Dr. Dietrich Steinkopf. XII, 174 S., 99 Abb., 22 Tab. Geh. DM 34,—.

Die Monographie ist wie die erste Auflage 1962 als Band 7 in der Reihe „Fortschritte der Physikalischen Chemie“ erschienen. Es handelt sich dabei um eine Einführung in die methodischen Grundlagen der Kernresonanz und ihre Anwendung in der Chemie. Der Inhalt ist hauptsächlich für Chemiker bestimmt, die die immer mehr an Bedeutung gewinnende Kernresonanzspektroskopie in der Strukturaufklärung einsetzen wollen.

Die 2. Auflage ist gegenüber der 1. Auflage[1]) zwar im Umfang nicht vergrößert, jedoch ist die Entwicklung auf dem Gebiet berücksichtigt worden, was sich auch in der Erweiterung des Literaturverzeichnisses (327 Zit. gegenüber 244 Zit. 1962) erkennen läßt.

Die Einteilung: I. Einleitung, II. Physikalische Grundlagen, III. Chemische Anwendungen, IV. Spezielle experimentelle Techniken, V. Tabellen, ist einschließlich der Untergliederung beibehalten worden. Lediglich der Unterabschnitt „Tautomere Gleichungen und Konstellationsisomerie“ ist in der neuen Auflage aufgeteilt worden, und im Teil IV ist ein neuer Unterabschnitt über „Die Messung schneller chemischer Reaktionen mit der Spin-Echo-Methode“ aufgenommen worden.

Ausführliche Literatur-, Namen- und Sachverzeichnisse schließen das Buch ab.

Die Monographie wird vielen helfen, sich schnell in das Gebiet der Magnetischen Kernresonanz einzulesen und sich zugleich Hinweise auf die Anwendbarkeit der Methode in den verschiedenen chemischen Gebieten zu verschaffen.

*Ch. Ruscher*

*Die Wirkungsweise von Fadenbremsen beim Verarbeiten von Endlosgarnen.* Von *Wolfgang Stein* und *Siegfried Hobe.* Forschungsberichte des Landes Nordrhein-Westfalen. Nr. 2025. Köln und Opladen: Westdeutscher Verlag 1969. 33 S., 36 Abb. Kart. DM 20,60.

Einleitend weisen die Verfasser auf die Wichtigkeit des Herabsetzens der Fadenzugkräfte in der Zwirnerei, Spulerei, Webereivorbereitung, Weberei, Strickerei und Wirkerei insbesondere dann hin, wenn die Arbeitsgeschwindigkeiten erhöht werden müssen. Falls dabei die mittleren Fadenzugkräfte oder ihnen überlagerte Kraftspitzen die Reißkraft des Fadens erreichen, kommt es zu Fadenbrüchen. Sie untersuchten daher bei unterschiedlichen Fadengeschwindigkeiten zwischen 200 und 600 m/min mit Hilfe von Polyamid- und Viskoseseiden verschiedene Fadenbremsen in ihrer Wirkung.

Bei der Teller- oder Scheibenbremse wird der Faden zwischen zwei durch ein Massestück, eine Feder oder einen Magneten belastete Teller oder Scheiben hindurchgeführt. Es wirkt nur die Coulombsche Reibungskraft, die sich zur Zugkraft des einlaufenden Fadens addiert. Diese Bremsen werden daher auch als additive Fadenbremsen bezeichnet.

Als Umschlingungsbremse dient im einfachsten Fall ein durch den Faden unter einem bestimmten Winkel umschlungener Stift. Hier gilt die *Eytelwein*sche Formel, d. h., die Zugkraft des einlaufenden Fadens wird mit einer Potenz multipliziert, in der das Produkt aus Reibungskoeffizient und Umschlingungswinkel den Exponenten zur Basis des natürlichen Logarithmus bildet. Diese Bremsen werden daher auch als multiplikative Fadenbremsen bezeichnet.

Kompensationsbremsen arbeiten nach dem gleichen Prinzip, nur werden zwei Reihen von Umschlingungsstiften mittels Massebelastung gegen den zickzackförmig hindurchgeführten Faden gedrückt. Bei Erhöhung der Einlaufzugkraft drückt der Faden die beiden Stiftreihen auseinander und die Umschlingungswinkel und damit die Auslaufzugkraft werden herabgesetzt. Bei Erniedrigung der Einlaufzugkraft wirkt die Bremse umgekehrt. Es wird ein gewisser Ausgleich der Auslaufzugkraft erreicht, wenn die Frequenz der Schwankungen gering ist.

Bei der Rotationsbremse wird der Faden ohne Schlupf über einen rotierenden Körper geleitet, der entgegen seiner Drehrichtung magnetisch oder mechanisch gebremst wird. Hierbei spielt der Reibungskoeffizient zwischen Faden und Reibkörper keine Rolle, sondern nur das Bremsmoment.

Die beiden Autoren erprobten die genannten Fadenbremsen in einer Meßanordnung, die aus einer elektronischen Kraftmeßeinrichtung (Textronograph, Bauart Haase-Deyerling), einer Spulvorrichtung (Elfaspuler I von Textechno), einem Drehspulschreibgerät (Typ RM von AEG) oder einem Tintenstrahloszillographen (Oscillomink von Siemens) und der vorgeschalteten Fadenbremse bestand. Teilweise wurde auch ein Fadenspannungsausgleichapparat Savi eingesetzt, der zur Fadenspannungsregelung an Greiferschützen- und schützenlosen Webmaschinen gebräuchlich ist.

Die Untersuchungen zeigten eindeutig die Vorteile von Rotationsbremsen mit Permanentmagnet gegenüber allen anderen untersuchten Typen. Mit dem Savi-Gerät ließen sich darüber hinaus die Auswirkungen der Fadenverlegung auf der Aufmachungseinheit und im wesentlichen auch die Einflüsse der Fadengeschwindigkeit ausschalten. Weiterhin konnte ein deutlicher Einfluß der Höhe der Fadenzugkraft, insbesondere bei zusätzlicher dynamischer Beanspruchung, auf die Kraft-Längenänderungs-Eigenschaften nachgewiesen werden.

Die Nützlichkeit solcher systematischer Untersuchungen, wie der im vorliegenden Forschungsbericht geschilderten, ist unbestritten, so daß den Autoren Dank und Anerkennung gewiß sein dürften.

*F. Winkler*

[1]) S. d. Z. **16** (1965) 8, S. 418—419.

## MALIMO 70

*Internationales Symposium Nähwirktechnik*

Vom 2. bis 5. November 1970 findet in Karl-Marx-Stadt, Halle 2, Ausstellungsgelände am Schloßteich, ein Symposium über Stand und Entwicklung der Nähwirktechnik mit einer Ausstellung von Erzeugnissen und praktischen Vorführungen der Maschinen Typ MALIMO, MALIVLIES und MALIPOL, einer Modenschau und Filmveranstaltungen statt. Näheres ist zu erfahren vom VEB Nähwirkmaschinenbau MALIMO, 901 Karl-Marx-Stadt, Annaberger Str. 97—99.

## Berichtigungen

In der Arbeit

*M. Kudrna:* Kaltreckung von linearen Polymeren, Faserforsch. u. Textiltechnik **21** (1970) 3, S. 125—134

muß es auf S. 128, linke Spalte, 6. Zeile von unten, statt „gewalzten“ richtig „walzenförmigen“ Prüflingen heißen. Auf S. 130, rechte Spalte, 6. Zeile von unten, muß es $\log a_\sigma = \log t - \log t_\varepsilon$ heißen. Die zwei Zeilen tiefer genannte Gleichung heißt *Williams/Landel/Ferry*-Gleichung. Das Bild 9 auf S. 131 gehörte zu Ausführungen, die mit Genehmigung des Verfassers weggelassen wurden. Das Bild und der Hinweis darauf in der 14. Zeile von unten sind daher zu streichen.

In dem Tagungsbericht

*Jahreskolloquien des Instituts für Textiltechnologie der Chemiefasern Rudolstadt* 1969
Faserforsch. u. Textiltechnik **21** (1970) 3, S. 134—136

ist auf S. 135 der vierte Absatz der rechten Spalte durch die nachstehende Fassung zu ersetzen:

„Abschließend berichtete *G. Hirsch*, Institut für Faserstoff-Forschung der DAW in Teltow-Seehof, über den Einfluß der Copolymerzusammensetzung und der Erspinnungsbedingungen auf die Lichtechtheit der mit kationischen Farbstoffen gefärbten Polyacrylnitrilfaserstoffe. Verwendet wurden kationische Farbstoffe, die auf den im Handel befindlichen PVY-Fasern Lichtechtheitsnoten 4 bis 5 besitzen. Neben der Polymerzusammensetzung wurde der Einfluß der Fällbadtemperatur, der Spinnlösungskonzentration, der relativen Molekülmasse, der Reckung und der Nachbehandlung untersucht. Die Prüfungen wurden im Xenotest-Gerät bei Wendelauf durchgeführt.“

# Patentschau

*Auszug aus der Lieferung 5/6 und 7/8/1970 der Patentschau „Faserstoffe und Textiltechnik", Ausgabe A: Faserstoffe einschl. Kunststoffe und organ. Grundsubstanzen, zusammengestellt von der Abteilung Wissenschaftliches Berichtswesen des Instituts für Faserstoff-Forschung der DAW, 153 Teltow-Seehof, Kantstr. 55*

Die Patentschau ist nach der deutschen Patentklasseneinteilung gegliedert. Es bedeuten: DDP = DDR-Patent; DBP = Deutsches Bundespatent; DAS = (West-)Deutsche Auslegeschrift; DOS = (West)-Deutsche Offenlegungsschrift; OeP = Österreichisches Patent; PoP = Polnisches Patent; SzP = Schweizer Patent; FrP = Französisches Patent; GBP = Britisches Patent; JaP = Japanisches Patent; SvP = Schwedisches Patent; SUP = Sowjetisches Patent; ČSP = Tschechoslowakisches Patent; USP = Amerikanisches Patent; A = Anmeldedatum; B = Tag der Ausgabe der Patent-Auslege- bzw. Offenlegungsschrift.

*Klasse 12o, 14. Aromatische Carbonsäuren und Harzsäuren (teilweise)*

JaP 23493/69. Dimethylterephthalat. Inh.: Toyo Rayon Co. Ltd. A. 13. 6. 64, B. 6. 10. 69. A.-Z.: 33332/64.

*Klasse 12p, 5. Stickstoffringe der heterocyclischen Reihe mit einem Stickstoffatom. Sonstige Ringe mit einem Stickstoffatom .....; Lactame ..... (teilweise)*

DOS 1545616. Verfahren zur Reinigung von Laurinlactam. Erf.: *Ludwig Beer, Horst Metzger* u. *Franz Reicheneder.* Anm.: Badische Anilin- & Soda-Fabrik AG, 6700 Ludwigshafen. A. 1. 9. 65, B. 4. 9. 69. Kl.: 12p, 5. A.-Z.: P 1545616 (B 83530). Entspr. SzP 471128.

SvP 315899. Verfahren zur Herstellung von ε-Caprolactam. Erf.: *J. W. Hoogendonk.* Inh.: Stamicarbon N. V., Heerlen (Nd). A. 1. 4. 64, B. 13. 10. 69. Int. Kl.: C 07d 41/06. A.-Z.: 4010/64. Prior.: 1. 4. 63 (Nd; A.-Z.: 290997). Entspr. SzP 437303, FrP 1386869 u. FrP 1419600.

*Klasse 29a. Mechanische Gewinnung von Gespinstfasern*

GBP 1174194. Verfahren zum Recken von Polyacrylnitril enthaltenden Fäden. Inh.: Società Italiana Resine S. p. A. A. 3. 5. 67, B. 17. 12. 69. Kl.: B 5. B, Int. Kl.: D 01f 7/02. A.-Z.: 20499/67. Prior.: 3. 5. 66 (It; A.-Z.: 10083). Entspr. FrP 1521917 u. USP 3449485.

SvP 313889. Apparat zum Spinnen eines Multifilamentfadens, dessen einzelne Elemente aus parallelen Schichten bestehen. Erf.: *R. Sluijters.* Inh.: Algemene Kunstzijde Unie N. V., Arnhem (Nd). A. 16. 2. 67, B. 25. 8. 69. Int. Kl.: D 01d 5/28. A.-Z.: 2163/67. Prior.: 25. 2. 66 (Nd; A.-Z.: 66024/65).

SUP 259320 (Urheberschein). Elektrische Heizung für die thermische Behandlung von sich bewegenden Fäden. Erf.: *V. I. Forst, V. B. Kvaša, D. V. Fil'bert, V. N. Michajlov* u. *S. Ja. Mežirova,* A. 20. 8. 68, B. 12. 12. 69. Kl.: 29a, 6/06. A.-Z.: 1264133/28 – 12.

USP 3480507. Verfahren zur Herstellung von faserigen Fadenprodukten und die entstandenen Produkte. Erf.: *Lam H. Gouw, Josef H. Voncken, Hans Frielingsdorf* u. *Gene W. Powers.* Inh.: Shell Oil Co., New York, N. Y. A. 25. 8. 66, B. 25. 11. 69. Kl.: 161 – 178, Int. Kl.: B 29h 7/20 u. B 29c 25/00. 6 Anspr. A.-Z.: 574932. Prior.: 2. 9. 65 (Nd; A.-Z.: 6511455). Entspr. DDP 57923, FrP 1490987 u. GBP 1098770.

JaP 23128/69. Garnchangierverfahren. Inh.: Kurashiki Rayon Co. Ltd. A. 27. 5. 67, B. 2. 10. 69. Kl.: 42A. A.-Z.: 33882/67.

SvP 314470. Verfahren zum Recken von Fäden aus synthetischen Polymeren, besonders Fäden aus Polyacrylnitril, wobei das Recken in einem Bad ausgeführt wird, das mindestens ein anorganisches, wasserlösliches, geschmolzenes Salz enthält. Erf.: *C. Mazzolimi* u. *G. Cazzaro.* Inh.: „Chatillon" S. A. Italiana per le Fibre Tessili Artificiali S. p. A., Mailand (It). A. 18. 3. 65, B. 8. 9. 69. Int. Kl.: D 01f 7/02. A.-Z.: 3501/65. Prior.: 18. 3. 64 (It; A.-Z.: 5995). Entspr. FrP 1426683 u. GBP 1080917.

USP 3479692. Spinndüsenvorrichtung. Erf.: *Paul V. M. van den Biggelaar.* Inh.: American Enka Corp., Enka, N. C. A. 18. 4. 67, B. 25. 11. 69. Kl.: 18 – 8, Int. Kl.: D 01d 3/00. 2 Anspr. A.-Z.: 631815. Prior.: 28. 4. 66 (Nd; A.-Z.: 6605678). Entspr. FrP 1520059 u. GBP 1116679.

USP 3480706. Zus. z. Pat. m. A.-Z.: 670052. A. 25. 9. 67. Spinnen faserbildender, linearer Kondensationspolymerer. Erf.: *John McMurray Carpenter III* u. *Drexel Kermit Smith.* Inh.: E. I. du Pont de Nemours and Co., Wilmington, Del. A. 10. 10. 68, B. 25. 11. 69. Kl.: 264 – 176, Int. Kl.: D 01d 1/10. 7 Anspr. A.-Z.: 767064.

GBP 1174970. Fadenbehandlungsmaschine. Inh.: Spinner Osakeyhtio. A. 24. 10. 67, B. 17. 12. 69. Kl.: D 1. F, Int. Kl.: B 65h 51/18. A.-Z.: 48266/67.

SvP 315972. Verfahren und Vorrichtung zur Behandlung eines Multifila mentes. Erf.: *C. J. Gonsalves.* Inh.: N. V. Onderzoekingsinstituut Research, Arnhem (Nd). A. 28. 9. 62, B. 13. 10. 69. Int. Kl.: D 02g 3/30. A.-Z.: 10446/62. Prior.: 28. 9. 61 (Nd; A.-Z.: 269713). Entspr. DAS 1248854 u. GBP 955128.

USP 3462813. Verfahren zur Herstellung von gebauschter Seide. Erf.: *Richard F. Dyer.* Inh.: Eastman Kodak Co., Rochester, N. Y. A. 4. 11. 55, B. 26. 8. 69. Kl.: 28 – 72, Int. Kl.: D 04h 3/08, D 05c 15/00 u. D 02g 3/02. 17 Anspr. A.-Z.: 544888.

USP 3474612 Zus. z. Pat. m. A.-Z.: 411996. A. 18. 11. 64. Recken und Bauschen eines synthetischen Polymeren. Erf.: *Donald Glyn Jenkins* u. *Anil Chandrakant.* Inh.: British Nylon Spinners Ltd., Pontypool Monmouthshire (GB). A. 10. 8. 67, B. 28. 10. 69. Kl.: 57 – 34, Int. Kl.: D 01h 13/26 u. D 02g 3/02. 11 Anspr. A.-Z.: 659778.

USP 3474613 Zus. z. Pat. m. A.-Z.: 671641. A. 29. 9. 67. Luftdüsenverfahren und Vorrichtung zur Herstellung eines Effektfadens und das Produkt. Erf.: *Mohammad Golam Kibria Joarder* u. *Garland Ray Walker.* Inh.: E. I. du Pont de Nemours und Co., Wilmington, Del. A. 13. 9. 68, B. 28. 10. 69. Kl.: 57 – 34, Int. Kl.: D 01h 13/26 u. D 02g 3/02, 3/00. 10 Anspr. A.-Z.: 785832. A.-Z.: 671641 entspr. FrP 1583400.

USP 3479709. Behandlung von strangförmigem Material. Erf.: *Benjamin S. Daniel.* Inh.: Techniservice Corp., Philadelphia, Pa. A. 8. 12. 67, B. 25. 11. 69. Kl.: 28 – 72, Int. Kl.: D 02g 1/08. 12 Anspr. A.-Z.: 689032 (ausgesch. aus Pat. m. A.-Z.: 708666. A. 13. 1. 58). A.-Z.: 689032 entspr. DAS 1202488. A.-Z.: 708666 vgl. auch USP 3347063 u. entspr. DOS 1410466.

USP 3481133 Zus. z. Pat. m. A.-Z.: 743320 u. 667095. A. 9. 7. 68 u. 12. 9. 67. Gemischte Schrumpfseide. Erf.: *Robert H. Knospe.* Inh.: E. I. du Pont de Nemours and Co., Wilmington, Del. A. 11. 12. 68, B. 2. 12. 69. Kl.: 57 – 140, Int. Kl.: D 02g 3/02 u. C 08g 41/44. 6 Anspr. A.-Z.: 783151. A.-Z.: 667095 vgl. auch USP 3416302 u. entspr. FrP 1583192.

DAS 1410427. Vorrichtung zur Herstellung von künstlichen Fäden nach dem Schmelzspinnverfahren. Erf.: *James Watt Ijsbrand Heijnis* u. *Bert Zuidema.* Anm.: N. V. Onderzoekingsinstituut Research, Arnheim (Nd). A. 18. 4. 58, B. 18. 9. 69. Kl.: 29a, 6/31. A.-Z.: P 1410427 (N 14955). Prior.: 4. 5. 57 (Nd; A.-Z.: 216967).

DAS 1660149. Vorrichtung zum Verstrecken und Wärmebehandeln eines Fadens oder Fadenbündels aus thermoplastischen Polymeren. Erf.: *Noboru Fukuma, Kazuo Jono, Toshihiko Kihara* u. *Yuzo Midorikawa.* Anm.: Asahi Kasei Kogyo Kabushiki Kaisha, Osaka (Ja). A. 18. 8. 65, B. 4. 9. 69. Kl.: 29a, 6/31. A.-Z.: P 1660149 (A 50035). Prior.: 25. 8. 64 u. 11. 9. 64 (Ja; A.-Z.: 47852 u. 51366, A.-Z.: 51366 entspr. JaP 533/68, Entspr. GBP 1095489 u. USP 3416188.

USP 3475523. Überwachtes Verfahren und Vorrichtung zum Schmelzspinnen. Erf.: *James R. Nicholson.* Inh.: Monsanto Co., St. Louis, Mo. A. 23. 9. 65, B. 28. 10. 69. Kl.: 264 – 40. Int. Kl.: G 01d 5/08, 1/06 u. F 04b 13/00. 5 Anspr. A.-Z : 489668. Entspr. SzP 460240, FrP 1500359 u. GBP 1106834.

*Klasse 29b. Chemische Gewinnung bzw. Herstellung von Spinnfasern und Fäden sowie ihre Präparation für die textile Weiterverarbeitung*

OeP 281260. Verfahren zur Herstellung von Fasern, Textilien und Formen aus Metalloxyden. Inh.: Union Carbide Corp., New York. A. 24. 2. 67, B. 15. 9. 69. Int. Kl.: 29b, 5. A.-Z.: 1877/67.

SvP 313138. Verfahren zur Herstellung eines Kollagenproduktes, speziell eines chirurgischen Nahtmaterials, durch Falschzwirnen eines vielfachen Kollagenfadens. Erf.: *E. J. Griset jr* Inh.: Ethicon, Inc., Somerville, N. J. (US). A. 29. 11. 63, B. 5. 8. 69. Int. Kl.: D 01f 9/00. A.-Z.: 13253/63.

DOS 1494607 Zus. u. Anm. 1235500. Verfahren zur Herstellung wollähnlich gekräuselter Polyamidfäden. Erf.: *Garry Kubitzek, Ferdinand Bodesheim, Günter Nawrath, Alfred Reichle* u. *Günther Nischk.* Anm.: Farbenfabriken Bayer AG, 5090 Leverkusen. A. 7. 1. 65, O. 4. 9. 69. Kl.: 29b, 3/60. A.-Z.: P 1494607 (F 44901). Entspr. SzP 451400, FrP 1433212 u. GBP 1103317.

JaP 23133/69. Konjugierter Polyesterfaden. Inh.: Kanegafuchi Spinning Co. Ltd. A. 8. 6. 67, B. 2. 10. 69. A.-Z.: 36695/67.

DAS 1469104. Verfahren zum Herstellen von Textilfäden aus Mischungen von Polyolefinen und Polyalkyleniminen. Erf.: *Cornelio Caldo* u. *Giuseppe Cantatore.* Anm.: Montecatini Edison S. p. A., Mailand (It). A. 15. 2. 60, B. 4. 9. 69. Kl.: 29b, 3/65. A.-Z.: P 1469104 (M 44333). Prior.: 17. 2. 59 (It; A.-Z.: 2659). Entspr. DOS 1469104, SzP 424077 u. SvP 207058.

GBP 1174347. Naßspinnverfahren für Acrylnitril enthaltende Polymere. Inh.: Società Italiana Resine S. p. A. A. 3. 5. 67, B. 17. 12. 69. Kl.: B 5. B, Int. Kl.: D 01f 7/02. A.-Z.: 20498/67. Prior.: 3. 5. 66 (It; A.-Z.: 10082). Entspr. FrP 1521920.

USP 3476849. Verfahren zum Phasentrennungserspinnen von Fäden aus fadenbildenden Polyparaphenylenoxiden. Erf.: *Johannes Aart Duiser* u. *Johannes Cornelius Rieke.* Inh.: Algemene Kunstzijde Unie N. V., Arnhem (Nd). A. 27. 2. 67, B. 4. 11. 69. Kl.: 264 – 203, Int. Kl.: D 01f 7/00 u. C 08f 45/22.

DAS 1494732. Faseriges Flächengebilde und Verfahren zu seiner Herstellung. Erf. u. Anm.: *Ole-Bendt Rasmussen,* Birkerød (Da). A. 8. 8. 64, B. 4. 9. 69. Kl.: 29b, 3/70. A.-Z.: P 1494732 (R 38538). Prior.: 10. 8. 63 u. 16. 4. 64 (GB; A.-Z.: 31676 u. 15753, A.-Z.: 31673/63 entspr. GBP 1103141. Entspr. DOS 1494732 u. FrP 1417221.

SUP 258519 (Urheberschein). Verfahren zum Färben von Polymeren auf Basis von Celluloseester, Polyamid und Acrylnitril. Erf.: *I. Ja. Kalontarov, K. Machkamov, O. A. In* u. *E. P. Fokin.* Anm.: Institut Chimii AN Tadžikskoj SSR. A. 3. 7. 67, B. 3. 12. 69. Kl.: 29b, 3/70. A.-Z.: 1168726/23 – 5.

USP 3479811. Fäden und Verfahren zu seiner Herstellung. Erf.: *Harold A. Walters.* Inh.: The Dow Chemical Co., Midland, Mich. A. 29. 11. 67, B. 25. 11. 69. Kl.: 57 – 153, Int. Kl.: D 02g 3/22, 3/36 u. B 29h 7/20. 12 Anspr. A.-Z.: 686656.

USP 3482010. Verfahren zur Herstellung von elastischen Polyurethanfaserstoffen mit geringer Klebfähigkeit. Erf.: *Takeshi Yasui* u. *Kanji Matsubayashi.* Inh.: Kurashiki Rayon Co. Ltd., Kurashiki (Ja). A. 22. 9. 64, B. 2. 12. 69. Kl.: 264 – 120, Int. Kl.: D 01f 7 – 06. u. D 01d 5/06. 3 Anspr. A.-Z.: 398260. Prior.: 30. 9. 63 (Ja; A.-Z.: 38/51845). Entspr. DAS 1285664 u. FrP 1422131.

*Klasse 32a, 37/00. Herstellung von Fasern oder Fäden aus flüssigem Glas, flüssigen Mineralien oder flüssiger Schlacke*

FrP 1584234 (Aj.). Verbesserung der Herstellung und des Aufspulens von Fäden aus thermoplastischem Material, besonders von Glasfasern. Inh.: Société du Verre Textile. A. 11. 1. 68, B. 19. 12. 69. Int. Kl.: B 65h, C 03b 37/00 u. D 01d. A.-Z.: 135600.

USP 3475147. Verfahren und Vorrichtung für die Verarbeitung von mittels Wärme erweichtem Material. Erf.: *Charles J. Stalego.* Inh.: Owens-Corning Fiberglas Corp. A. 16. 6. 66, B. 28. 10. 69. Kl.: 65 – 1, Int. Kl.: C 03b 37/02. 20 Anspr. A.-Z.: 558078.

USP 3475148 Zus. z. Pat. m. A.-Z.: 448966. A. 19. 4. 65. Verfahren und Vorrichtung zur Herstellung von Glasfäden. Erf.: *James M. Higginbotham.* Inh.: Owens-Corning Fiberglas Corp. A. 26. 9. 67, B. 28. 10. 69. Kl.: 65 – 2, Int. Kl.: C 03b 37/02. 8 Anspr. A.-Z.: 670810.

SUP 258542 (Urheberschein). Mechanismus zum Recken von Fäden aus thermoplastischen Materialien. Erf.: *L. N. Venediktor, N. M. Borisov, V. I. Krasil'nikov, A. V. Šorin, S. P. Kuznecov, S. S. Kutukov, A. N. Zolotova, A. P. Baburov* u. *V. A. Alabin.* A. 30. 7. 68, B. 3. 12. 69. Kl.: 32a, 37/02. A.-Z.: 1256816/29 – 33.

*Klasse 39b. Makromolekulare Verbindungen: ihre Herstellung und chemische Verarbeitung: Massen auf der Grundlage derartiger Verbindungen*

*Klasse 39b 1. Polysaccharide und deren Derivate*

GBP 1177749. Herstellung von partiell acyliertem Cellulosefilm beziehungsweise von partiell acyliertem Cellulosefaserstoff. Inh.: Neste OY. A. 14. 11. 68, B. 14. 1. 70. Kl.: C 3. A, Int. Kl.: C 08b 3/20. A.-Z.: 53966/68. Prior.: 17. 11. 67 (Fi; A.-Z.: 3106).

SUP 258576 (Urheberschein). Verfahren zur Herstellung von Cellulosederivaten. Erf.: *L. A. Tepteleva, M. V. Šoštaeva, D. Š. Novosel'ceva, B. D. Salimgaraev, T. F. Tolstych, L. V. Gurkovskaja* u. *N. V. Kija-Oglu*. Anm.: Vladimirskij naučno-issledovatel'skij Institut sintetičeskich Smol. A. 25. 6. 66, B. 3. 12. 69. Kl.: 39b, 12/01. A.-Z.: 1085976/23 – 5.

*Klasse 39b4. Polymerisationsprodukte*

DOS 1909315. Verfahren zum Isolieren von in einem organischen Lösungsmittel gelösten, organischen Verbindungen. Erf.: *Dirk Johannes Venderbos, Laurentius Ludovicius van Dierendonck* Anm.: Stamicarbon N. V., Heerlen (Nd). A. 25. 2. 69, O. 18. 9. 69. Kl.: 39b4, 1/92. A.-Z.: P 1909315. Prior.: 28. 2. 68 (Nd; A.-Z.: 6802774).

DAS 1301986. Verfahren zur Trennung von in Lösung optischen aktiven Olefinpolymeren. Erf.: *Giulio Natta, Piero Pino* u. *Gia Paolo Lorenzi*. Anm.: Montecatini Edison S. p. A., Mailand (It). A. 9. 5. 61, B. 11. 9. 69. Kl.: 39b4, 1/94. A.-Z.: P 1301986 (M 48997). Prior.: 13. 5. 60 (It; A.-Z.: 8544). Entspr. SzP 428222 u. SvP 304602.

DAS 1420726. Verfahren zur Reinigung von festen, hochmolekularen Polyolefinen. Erf.: *Helmut Kolling* u. *Friedrich Rappen*. Anm.: Ruhrchemie AG, 4200 Oberhausen-Holten (DB). A. 11. 7. 58, B. 4. 9. 69. Kl.: 39b4, 1/88. A.-Z.: P 1420726 (R 23669).

GBP 1177801. Verfahren zur industriellen Herstellung von spinnbaren Polymeren auf Acrylnitrilbasis. Inh.: Snia Viscosa Soc. Nazionale Industria Applicazioni Viscosa S. p. A. A. 18. 1. 67, B. 14. 1. 70. Kl.: C 3. P, Int. Kl.: C 08f 1/08. A.-Z.: 2586/67. Prior.: 7. 2. 66 (It; A.-Z.: 2616). Entspr. FrP 1517989.

JaP 23504/69. Katalysator zur Polymerisation von Olefin. Inh.: Tokuyama Soda Co. Ltd. A. 2. 12. 63, B. 6. 10. 69. A.-Z.: 51797/67.

USP 3475392. Prozeßsteuerungssystem für die Aufrechterhaltung konstanter Polymerisationsbedingungen. Erf.: *Raymond D. McCoy* u. *Frank T. Ogle*. Inh.: Phillips Petroleum Co. A. 23. 9. 63, B. 28. 10. 69. Kl.: 260 – 83, 7, Int. Kl.: C 08f 1/09, 3/04. 16 Anspr. A.-Z.: 310729.

USP 3476729. Regelung von Polymerisationsverfahren sowie Vorrichtung dafür. Erf.: *Dexter E. Smith, Robert M. Keeler* u. *Emmerich Guenther*. Inh.: Phillips Petroleum Co. A. 17. 2. 64, B. 4. 11. 69. Kl.: 260 – 93, 7, Int. Kl.: C 08f 1/56, 1/98 u. 3/10. 7 Anspr. A.-Z.: 345267.

USP 3476813 Zus. z. Pat. m. A.-Z.: 509234. A. 6. 10. 65; u. Pat. m. A.-Z.: 244592. A. 14. 12. 62. Diperoxydicarbonsäureanhydride. Erf.: *James E. Guillet*. Inh.: Eastman Kodak Co., Rochester, N. Y. A. 8. 3. 67, B. 4. 11. 69. Kl.: 260 – 610, Int. Kl.: C 07c 73/00 u. 73/04. 6 Anspr. A.-Z.: 621704. A.-Z.: 244592 vgl. auch USP 3287338. Entspr. FrP 1377741 u. GBP 1074686.

DDP 70393. Vorrichtung zur Polymerisation von Monomeren oder Monomergemischen, deren Polymere in den entsprechenden Monomeren nicht löslich sind. Erf. u. Inh.: *Gottfried Heintz* u. *Klaus Aurich*. A. 17. 11. 67, B. 20. 12. 69. Kl.: 39c, 25/01. A.-Z.: WP 39c/128396.

DOS 1904931 Zus. z. Anm.: 1720924. Verfahren zur Herstellung von Polymeren und Copolymeren von Allylfluorid. Erf.: *Jaques A. Waterman, Ilan Shaham, Leonhard Marshall Shorr*. Anm.: Israel Mining Industries Institute for Research and Development, Haifa (Is). A. 31. 1. 69, O. 4. 9. 69. Kl.: 39b4, 3/32. A.-Z.: P 1904931. Prior.: 1. 2. 68 (Is; A.-Z.: 29406).

DAS 1420443. Verfahren zur Herstellung von Polymerisaten und Mischpolymerisaten des Vinylchlorids. Erf.: *Gerhard Kühne*. Anm.: Farbwerke Hoechst AG vorm. Meister Brüning & Lucius, 6230 Frankfurt-Hoechst (DB). A. 18. 7. 59, B. 4. 9. 69. Kl.: 39b4, 3/30. A.-Z.: P 1420443. (F 28968). Entspr. GBP 961936 u. USP 3161623.

OeP 280528. Verfahren zur Herstellung eines Amid- oder Estermischpolymeren. Inh.: PPG Industries, Inc., Pittsburgh (US). A. 9. 6. 65, B. 15. 8. 69. Kl.: 39b, 14. A.-Z.: 5200/65. Prior.: 10. 6. 64 (US; A.-Z.: 374170 u. 374164. A.-Z.: 374164 entspr. USP 3370050 u. A.-Z.: 374170 entspr. USP 3366605. Entspr. SzP 451526 u. FrP 1447282.

OeP 281410. Verfahren zur Herstellung wasserlöslicher Kunstharze. Erf.: *Wolfgang Daimer* u. *Heinrich Lackner*. Inh.: Vianova Kunstharz AG, Wien. A. 2. 5. 68, B. 15. 9. 69. Kl.: 39b, 12. A.-Z.: 4216/68.

OeP 280584. Verfahren zur Massenpolymerisation von Vinylchlorid. Erf.: *Sergio Lo Monaco, Corrado Mazzolini, Luigi Patron* u. *Alberto Moretti*. Inh.: „Chatillon“ S. A. Italiana per le Fibre Tessili Artificiali S. p. A., Mailand (It). A. 22. 9. 67, B. 15. 8. 69. Kl.: 39b, 14. A.-Z.: 8666/67. Prior.: 24. 9. 66 u. 13. 4. 67 (It; A.-Z.: 22792 u. 14809 A/67). A.-Z.: 14908 entspr. DDP 66023.

OeP 281413. Verfahren zur Polymerisation von Vinylchlorid. Erf.: *Sergio Lo Monaco, Alberto Moretti* u. *Luigi Patron*. Inh.: „Chatillon“ Soc. An. Italiana per le Fibre Tessili Artificiali S. p. A., Mailand (It). A. 9. 8. 67 B. 15. 9. 69. Kl.: 39b, 14. A.-Z.: 7376/67. Prior.: 10. 8. 66 (It).

SzP 484207. Verfahren zur Herstellung von Perfluoralkyljodiden. Erf.: *Horst Jäger*. Inh.: Ciba AG, Basel. A. 4. 10. 67, Int. Kl.: C 08f 3/20. A.-Z.:13835/67.

JaP 23338/69. Polyäthylenpolymeres. Inh.: Gulf Oil Corp. A. 7. 12. 66, B. 3. 10. 69. Kl.: 26B. A.-Z.: 79857/66.

SvP 314203. Verfahren zur Herstellung von Latex durch Emulsionspolymerisation von Vinylestern. Erf.: *E. P. Grommers* u. *G. C. Vegter*. Inh.: Shell Internationale Research Mij., N. V., Haag (Nd). A. 23. 1. 63, B. 1. 9. 69. Int. Kl: C 08f 3/54. A.-Z.: 734/63. Prior.: 25. 1. 62 (Nd; A.-Z.: 273968). Entspr. DAS 1222680, SzP 436721 u. USP 3294727.

SvP 314826. Verfahren zur Herstellung eines Vinylchloridpolymeren oder -copolymeren durch Emulsionsverfahren in zwei Stufen. Erf.: *C. Corso*. Inh.: Montecatini Soc. Gen. per l'Industria Mineraria e Chimica, Mailand (It). A. 9. 3. 61, B. 15. 9. 69. Int. Kl.: C 08f 3/30. A.-Z.: 2494/61. Prior.: 14. 3. 60 (It; A.-Z.: 4389). Entspr. DAS 1261321 u. SzP 444486.

SvP 318102. Verfahren zur Herstellung von Acrylnitrilpolymeren durch Polymerisation in Ggw. eines katalytischen Redoxsystems. Erf.: *C. Mazzolini* u. *S. L. Monaco*. Inh.: Chatillon S. A. Italiana per le Fibre Tessili Artificiali S. p. A., Mailand (It). A. 18. 3. 65, B. 1. 12. 69. Kl.: 39b4, 3/76, Int. Kl.: C 08f 3/76. A.-Z.: 3500/65. Prior.: 18. 3. 64 (It; A.-Z.: 5994). Entspr. SzP 450729, FrP 1428421 u. GBP 1103696.

DOS 1570940. Neue hochmolekulare Kopf-Schwanz-Polymere und Verfahren zu ihrer Herstellung. Erf.: *Giulio Natta* u. *Gino Dall Asta*. Anm.: Montecatini Edison S. p. A., Mailand (It). A. 16. 1. 65, O. 4. 9. 69. Kl.: 39b4, 5/00. A.-Z.: P 1570940 (M 63811). Prior.: 17. 1. 64 (It; A.-Z.: 1071).

DOS 1907533. Verfahren zur Herstellung von verzweigten Äthylen/Dien-Mischpolymeren. Erf.: *Walter Kwei-Yuan Tang*. Anm.: E. I. du Pont de Nemours and Co., Wilmington, Del. (US). A. 14. 2. 69, O. 18. 9. 69. Kl.: 39b4, 15/00. A.-Z.: P 1907533. Prior.: 16. 2. 68 (US; A.-Z.: 705888).

OeP 281408. Verfahren zur Herstellung von verseiften Äthylen-Vinylacetat-Copolymerisaten. Inh.: Farbenfabriken Bayer AG, Leverkusen (DB). A. 27. 6. 67, B. 15. 9. 69. Kl.: 39b 12. A.-Z.: 5983/67. Prior.: 28. 7. 66 (DB; A.-Z.: F 49830 IVd/39c, DAS 1301539). Entspr. FrP 1532985 u. GBP 1144979.

SvP 314823. Verfahren zur Herstellung eines vulkanisierbaren, im wesentlichen linearen, amorphen, hochmolekularen Copolymeren aus einem nichtkonjugierten Dien und Äthylen sowie evtl. Propylen oder Butylen-1. Erf.: *G. Natta, G. Mazzanti, A. Valvazzori* u. *G. Sartori*. Inh.: Montecatini Soc. Gen. per l'Industria Mineraria e Chimica, Mailand (It). A. 13. 12. 62, B. 15. 9. 69. Int. Kl.: C 08f 15/00. A.-Z.: 13444/62. Prior.: 15. 12. 61 (It; A.-Z.: 22577). Entspr. DOS 1520276, FrP 82776 u. GBP 985146.

SvP 315124. Thermoplastisches oder vulkanisierbares, elastisches, fluoriertes Copolymeres und Verfahren zur Herstellung des Copolymeren. Erf.: *D. Sianesi, G. C. Bernardi* u. *A. Reggio*. Inh.: Montecatini Soc. Gen. per l'Industria Mineraria e Chimica, Mailand (It). A. 26. 3. 64, B. 22. 9. 69. Int. Kl.: C 08f 15/06. A.-Z.: 3859/64. Prior.: 1. 4. 63 (It; A.-Z.: 6601). Entspr. USP 3331823.

SvP 318716. Verfahren zum Copolymerisieren von Fluorierungs- oder Chlorfluorierungsprodukten von Äthylen mit Äthylen oder anderen Mono-$\alpha$-olefinen. Erf.: *M. Ragazzini* u. *D. Carcano*. Inh.: Società Edison S. p. A., Mailand (It). A. 9. 3. 62, B. 15. 12. 69. Kl.: 39b4, 15/02, Int. Kl.: C 08f 15/02. A.-Z.: 2652/62. Prior.: 10. 3. 61 (It; A.-Z.: 4527). Entspr. GBP 949422 u. USP 3371076.

SvP 318717. Verfahren zur Bereitung von Latex durch Emulsionscopolymerisation von Vinylchlorid und Vinylestern aus gesättigten aliphatischen Monocarbonsäuren. Erf.: *E. P. Grommers* u. *G. C. Vegter*. Inh.: Shell Internationale Research Mij N. V., Haag (Nd). A. 9. 3. 64, B. 15. 12. 69, Kl.: 39b4, 15/28, Int. Kl.: C 08f 15/28. A.-Z.: 2918/64. Prior.: 11. 3. 63 (Nd; A.-Z.: 290024). Entspr. SzP 433758, FrP 1392771, GBP 1003105 u. USP 3370031.

SUP 255564 (Urheberschein). Verfahren zur Herstellung von Copolymeren. Erf.: *D. A. Kočkin, N. A. Voronkov, I. S. Novoderežkina* u. *V. P. Denisenko* u. *E. I. Tiščenko*. Anm.: Institut fizičeskoj Chimii AN SSSR. A. 12. 3. 68, B. 28. 10. 69. Kl.: 39c, 25/01. A.-Z.: 1224751/23 – 5.

DOS 1570307. Verfahren zur Herstellung von ungesättigten Pfropfcopolymerisaten des Polyisobutylens. Erf.: *Günter Daumüller, Ernst-Günter Kastning* u. *Herbert Naarmann*. Anm.: Badische Anilin- & Soda-Fabrik AG, 6700 Ludwigshafen (DB). A. 23. 10. 65, O. 28. 8. 69. Kl.: 38b4, 27/00. A.-Z.: P 1570307 (B 84236). Entspr. FrP 1496874.

DOS 1595685. Verfahren zur Herstellung von modifizierten, wäßrigen Dispersionen von Polymerisaten und Mischpolymerisaten. Erf.: *Wolfgang Klebert, Karl Schäfer* u. *Wolfram von Langenthal*. Anm.: Farbenfabriken Bayer AG, 5090 Leverkusen. A. 30. 9. 66, O. 21. 8. 69. Kl.: 39b4, 27/10. A.-Z.: P 1595685 (F 50323), Entspr. FrP 1538170 u. GBP 1162409.

SUP 256244 (Urheberschein). Verfahren zur Herstellung von linearen Methacrylaten des Polyvinylalkohols. Erf.: *I. N. Šermergorn, Ju. B. Kamardin* u. *Ju. A. Kopytov*. A. 22. 11. 65, B. 4. 11. 69. Kl.: 39c, 25/01. A.-Z.: 1038867/23 – 5.

USP 3472826 Zus. z. Pat. m. A.-Z.: 481924. A. 23. 8. 65. Gesättigtes Kohlenwasserstoffvorpolymeres und Reaktionsprodukte davon. Erf.: *James E. Potts, Arnold C. Ashcraft jr.* u. *Edgar W. Wise*. Inh.: Union Carbide Corp. A. 23. 5. 68, B. 14. 10. 69. Kl.: 260 – 88, 2, Int. Kl.: C 08f 27/08 u. 15/04. 8 Anspr. A.-Z.: 731623.

USP 3483277. Polymere von O-Acrylyl- und O-Methacrylylamidoximen. Erf.: *Eduard K. Kleiner*. Inh.: Geigy Chemical Corp., Ardsley, N. Y. A. 17. 10. 66, B. 9. 12. 69. Kl.: 260 – 897, Int. Kl.: C 08g 37/18 u. C 08f 29/50. 30 Anspr. A.-Z.: 586956. Entspr. OeP 276754 u. FrP 1540871.

*Klasse 39b5. Polykondensations- und Polyadditionsprodukte*

DOS 1570981. Verfahren und Vorrichtung zur Herstellung von Vorkondensaten aus Terephthalsäure und Glykol. Erf.: *Wolf-Dieter Hahn* u. *Joachim Plenz*. Anm.: Inventa AG für Forschung und Patentverwertung, Zürich (Sz). A. 17. 7. 65, O. 28. 8. 69. Kl.: 39b5, 17/06. A.-Z.: P 1570981 (M 66002).

SzP 482753. Heißhärtbare Formmassen. Erf.: *Rolf Schmid, Friedrich Lohse* u. *Hans Batzer*. Inh.: Ciba AG, Basel (Sz). A. 11. 9. 67. Int. Kl.: C 08g 17/007, C 08g 30/10. A.-Z.: 12701/67. Entspr. FrP 1581283.

GBP 1171822. Herstellung von Polyestern durch Polymerisation von $\beta$-Lactonen. Inh.: Montecatini Edison S. p. A. A. 18. 1. 67, B. 26. 11. 69, Kl.: C 3. R, Int. Kl.: C 08g 17/017. A.-Z.: 2745/67. Prior.: 21. 1. 66 (It; A.-Z.: 1434). Entspr. FrP 1508041.

GBP 1175851. Verfahren zur Herstellung von Polyätherestern. Inh.: Imperial Chemical Industries Ltd. A. 5. 1. 67, B. 1. 1. 70. Kl.: C 3. R, Int. Kl.: C 08g 17/08. A.-Z.: 675/67.

JaP 20357/69. Kristalline, ungeordnete Copolyätherester. Inh.: Nippon Rayon Co. A. 2. 12. 62, B. 2. 9. 69. A.-Z.: 64479/63. Entspr. FrP 1438253 u. GBP 1093377.

JaP 20358/69. Kristalline, ungeordnete Copolyätherester. Inh.: Nippon Rayon Co. Ltd. A. 14. 4. 64, B. 2. 9. 69. A.-Z.: 20900/64. Entspr. FrP 1438253 u. GBP 1093377.

JaP 24118/69. Polyester mit hoher relativer Molekülmasse. Inh.: Nippon Soda Co. Ltd. A. 24. 9. 65, B. 13. 10. 69. A.-Z.: 58116/65. Entspr. DDP 59168, FrP 1480557, GBP 1154166 u. GBP 1154167.

JaP 24119/69. Polyester mit hoher relativer Molekülmasse. Inh.: Nippon Soda Co. Ltd. A. 22. 11. 65. B. 13. 10. 69. A.-Z.: 71469/65. Entspr. DDP 59168 u. FrP 1480557.

SUP 257013 (Urheberschein). Verfahren zur Herstellung von chlorhaltigen Mischpolycarbonaten. Erf.: *G. S. Kolesnikov, O. V. Smirnova* u. *E. Ja. Robas*. Anm.: Moskovskij chimiko-technologičeskij Institut Im. D. I. Mendeleeva. A. 27. 11. 68, B. 11. 11. 69. Kl.: 39c, 16. A.-Z.: 1285069/23-5

FrP 2000225. Zur Verbesserung der Farbstoffaffinität von Polyamiden bestimmtes Verfahren. Inh.: Glanzstoff AG. A. 13. 1. 69, B. 28. 11. 69. Int. Kl.: C 08g 20/00. A.-Z.: 6900377. Prior.: 13. 1. 68 (DB; A.-Z.: P 1720886).

JaP 20111/69. Polyamid. Inh.: Toyo Rayon Co. Ltd. A. 17. 6. 66, B. 29. 8. 69. A.-Z.: 38908.

SUP 256229 (Urheberschein). Verfahren zur Modifizierung von Polyamiden. Erf.: *T. B. Bežuašvili, L. G. Bulavin* u. *A. A. Konkin*. A. 8. 2. 68, B. 4. 11. 69. Kl.: 39 b, 22/04. A.-Z.: 1215577/23 – 5.

SUP 256238 (Urheberschein). Verfahren zur Herstellung von fadenbildenden Polyimiden. Erf.: *A. V. Tokarev, M. N. Bogdanov, F. M. Mandrosova, A. I. Smirnova, L. V. Čikurina* u. *G. I. Kudrjavcev*. A. 2. 8. 68, B. 4. 11. 69, Kl.: 39c, 12/01. A.-Z.: 1261735/23 – 5.

SUP 257009 (Urheberschein). Verfahren zur alkalischen Polymerisation von Lactamen. Anm.: *Zbynek Zukač* u. *Jan Šebenda* (ČS). A. 11. 11. 65, B. 11. 11. 69. Kl.: 39c, 10. A.-Z.: 1113254/23 – 5.

SUP 257011 (Urheberschein). Verfahren zur Herstellung von hochmolekularen Polyamiden. Erf.: *V. V. Koršak, A. A. Izyneev* u. *V. G. Samsonova*. A. 21. 1. 66, B. 11. 11. 69. Kl.: 39c, 10 (39b, 22/04). A.-Z.: 1050202/23 – 5.

USP 3464957 Zus. z. Pat. m. A.-Z.: 609286. A. 16. 1. 67. Neuartige Adamantanpolyamide. Erf.: *Gary L. Driscoll*. Inh.: Sun Oil Co., Philadelphia, Pa. A. 30. 10. 67, B. 2. 9. 69. Kl.: 260 – 78, Int. Kl.: C 08g 20/20. 11 Anspr. A.-Z.: 679199. A.-Z.: 609286 u. 679199 entspr. FrP 1582785.

DOS 1570602. Verfahren zur Herstellung von wäßrigen Polyurethan-Dispersionen. Erf.: *Wolfgang Keberle, Artur Reischl* u. *Dieter Dietrich*. Anm.: Farbenfabriken Bayer AG, 5090 Leberkusen. A. 3. 9. 65, O. 14. 8. 69. Kl.: 39b5, 22/04. A.-Z.: P 1570602 (F 47084). Entspr. FrP 1491744.

DOS 1595636. Verfahren zur Herstellung von Polyurethan-Dispersionen. Erf.: *Wolfgang Keberle* u. *Harro Witt*. Anm.: Farbenfabriken Bayer AG. 5090 Leverkusen. A. 4. 6. 66, O. 21. 8. 69. Kl.: 39b5, 22/04. A.-Z.: P 1595636 (F 49396).

DOS 1595594. Verfahren zur Herstellung von insbesondere zur Schmelzextrusion von Fäden geeigneten Urethan-Polymeren. Erf.: *Luigi Cazzaniga*. Anm.: Fillattice S. p. A., Muggio (It). A. 17. 2. 66, O. 21. 8. 69. Kl.: 39b5, 22/04. A.-Z.: P 1595594 (F 48457). Prior.: 6. 3. 65 (It; A.-Z.: 2064).

JaP 19555/69. Aromatischer Polyharnstoff. Inh.: Toyo Rayon. A. 23. 6. 65, B. 23. 8. 69. A.-Z.: 36998.

SUP 256236 (Urheberschein). Verfahren zur Herstellung von Polyurethanen. Erf.: *G. N. Marčenko* u. *M. S. Fedoseev*. A. 30. 12. 66, B. 4. 11. 69. Kl.: 39c, 6. A.-Z.: 1122750/23 – 5.

USP 3483150. Polyurethan-Vorpolymere und -Elastomere. Erf. u. Inh.: *Arthur Ehrlich, John W. Hayes* u. *Temple C. Patton*. A. 15. 2. 67, B. 9. 12. 69. Kl.: 260 – 18, Int. Kl.: C 08g 22/06. A.-Z.: 616174.

DOS 1495729. Verfahren zur Herstellung von Polyäthern durch Polymerisation von Alkylenoxyden. Erf.: *Heinrich Bormann* u. *Herbert Nordt*. Anm.: Farbenfabriken Bayer AG, 5090 Leverkusen (DB). A. 11. 7. 63, O. 28. 8. 69. Kl.: 39b5, 23/02. A.-Z.: P 1495729 (F 40206).

USP 3483169 Zus. z. Pat. m. A.-Z.: 168062. A. 23. 1. 62; u. Pat. m. A.-Z.: 456816. A. 18. 5. 65. Polyester-Polyäther und Verfahren zur Herstellung. Erf. u. Inh.: *Leslie Catron Case* u. *Laura Kaiser Case*. A. 21. 8. 67, B. 9. 12. 69. Kl.: 260 – 78, 4, Int. Kl.: C 08g 30/12, 57 Anspr. A.-Z.: 665005.

SUP 257012 (Urheberschein). Verfahren zur Herstellung von Polybenzimidazopyrrolonen. Erf.: *V. V. Koršak, A. L. Rusanov* u. *R. D. Kacarava*. Anm.: Institut elementorganičeskich Soedinenij AN SSSR. A. 6. 5. 68, B. 11. 11. 69. Kl.: 39c, 13. A.-Z.: 1238660/23 – 5.

GBP 1175923. Polyoxymethylenkompositionen. Inh.: Montecatini Edison S. p. A. A. 2. 8. 68, B. 1. 1. 70. Kl.: C 3. P, Int. Kl.: C 08g 37/02. A.-Z.: 36927/68. Prior.: 4. 8. 67 (It; A.-Z.: 810828).

DOS 1544977. Verfahren zur Herstellung von Polyesterharzen. Anm.: The Goodyear Tire & Rubber Co., Akron, Ohio (US). A. 13. 8. 65, O. 14. 8. 69. Kl.: 39b5, 39/00. A.-Z.: P 1544977 (G 44426).

GBP 1167290. Stabilisierung von Polymeren aus cyclischen Estern von Hydroxycarbonsäuren. Inh.: Shell Internationale Research Maatschappij N. V. A. 23. 5. 67, B. 15. 10. 69. Kl.: C. 3. R, Int. Kl.: C 08g 39/00 u. 51/38. A.-Z.: 23913/68 (ausgesch. aus GBP 1161832). Prior.: 25. 5. 66 (Nd; A.-Z.: 6670189).

USP 3465059. Pfropfcopolymere von Carbonsäureamidgruppen auf Acrylcopolymeren mit Carboxylendgruppen. Erf.: *Manfred K. Seven* u. *Richard J. Bellet*. Inh.: Allied Chemical Corp., New York, N. Y. A. 28. 11. 66, B. 2. 9. 69. Kl.: 260 – 857, Int. Kl.: C 08g 41/04 u. C 08f 27/08. 10 Anspr. A.-Z.: 597212. Entspr. FrP 1522977.

GBP 1172328. Herstellung aufgehellter synthetischer Polymerer. Inh.: Farbenfabriken Bayer AG. A. 11. 4. 68, B. 26. 11. 69. Kl.: C 3. R, Int. Kl.: C 08g 51/67. A.-Z.: 17730/68.

*Klasse 42k, 50. Textilprüfung. Verfahren, Vorrichtungen und Maschinen zum Prüfen von Fasern, Fäden, Garnen, Geweben auf ihre mechanischen und Festigkeitseigenschaften, auf Spannungen, mechanische Unregelmäßigkeiten, Drall (Drehung), Porosität*

PoP 59481. Anlage zur Untersuchung der bleibenden Deformationen von Faserstoffen. Erf.: *Ireneusz Filipiak, Zdzislaw Urbaniak* u. *Mieczyslaw Antos* z. Inh.: Centralen Laboratorium Przemyslu Dziewiearskiego i Ponczoszniczego, Lodz (Po). A. 23. 10. 67. Kl.: 42k, 50.

SUP 255629 (Urheberschein). Gerät zur Bestimmung der inneren Spannungen in textilen Materialien und Filmen. Erf.: *V. B. Stroenov* u. *V. Ja. Efremov*. A. 8. 4. 68, B. 28. 10. 69. Kl.: 42k, 50. A.-Z.: 1231760/28 – 12.

SUP 257120 (Urheberschein). Gerät zur Untersuchung der Schwingverformung von Textilmaterialien. Erf.: *M. M. Gurauskas* u. *A. P. Mikalauskas*. Inh.: Kaunasskij politechničeskij Institut. A. 15. 4. 68, B. 11. 11. 69. Kl.: 42k, 50. A.-Z.: 1234329/28 – 12.

SUP 257839 (Urheberschein). Gerät zur Messung der Krümmungsradien von dünnwandigen anisotropen Hüllen unter pneumatischer oder Hydrobelastung. Erf.: *M. M. Gutauskas*. Inh.: Kaunasskij politechničeskij Institut. A. 30. 10. 68, B. 20. 11. 69. Kl.: 42k, 50. A.-Z.: 1279625/28 – 12.

*Klasse 55b. Verfahren zur Herstellung von Zellstoff, Zellstoffkocher, Wiedergewinnung der Ablaugen und Abgase*

SUP 256501 (Urheberschein). Verfahren zur Regulierung der Zellstoffchlorierung. Erf.: *I. I. Koljučev* u. *E. B. Popov*. Anm.: Kujbyševskij politechničeskij Institut. A. 21. 2. 67, B. 4. 11. 69. Kl.: 55b, 1/01. A.-Z.: 1136205/29 – 33.

SUP 256502 (Urheberschein). Verfahren zur Zellstoffherstellung. Erf.: *A. I. Bobrov* u. *M. G. Mutovina*. Anm.: Central'nyj naučno-issledovatel'skij Institut bumagi. A. 4. 9. 67, B. 4. 11. 69. Kl.: 55b, 1/20. A.-Z.: 1181942/29 – 33.

SUP 256503 (Urheberschein). Verfahren zur Regelung der Härte von Sulfatzellstoff. Erf.: *I. E. V'jukov, O. F. Sobolev* u. *V. N. Smorodin*. Anm.: Vsesojuznyj naučno-issledovatel'skij Institut celljulozno-bumažnoj Promyšlennosti. A. 3. 7. 67, B. 4. 11. 69. Kl.: 55b, 1/20. A.-Z.: 1173314/29 – 33.

*Klasse 55c. Bleichen, Leimen, Färben, Füllen, Beschweren von Papierstoff und Zellstoff, Holländer, Stoffmühlen, Zellstoffaufschließer (teilweise)*

JaP 25361/69. Bleichen von Zellstoff. Inh.: Skihoku Seishi Co. Ltd. A. 25. 5. 64, B. 25. 10. 69. Kl.: 39A. A.-Z.: 29104/64.

USP 3472731. Extraktion faserigen Cellulosematerials mittels Ammoniak mit nachfolgender Behandlung mit Chlor, Chlordioxid und anderen Reagenzien. Erf.: *Norman Liebergott* u. *Frederic H. Yorston*. Inh.: Pulp and Paper Research Institute of Canada, Pointe-Claire, Quebec (Ca). A. 8. 9. 66, B. 14. 10. 69. Kl.: 162 – 63, Int. Kl.: D 21c 3/02 u. 1/08. 8 Anspr. A.-Z.: 577813. Prior.: 12. 10. 65 (Ca; A.-Z.: 942675).

# Literaturschau

*Auszug aus Lieferung 13 und 14/1970 der Referatekartei „Faserstoffe und Textiltechnik“, zusammengestellt von der Abteilung Wissenschaftliches Berichtswesen des Instituts für Faserstoff-Forschung der DAW, 153 Teltow-Seehof, Kantstr. 55*

## I. Wissenschaftliche Grundlagen

### Allgemeines

*Seinfeld, J. H.:* Theorie der Abschätzung nichtlinearer Systeme. IEC. Ind. engng. Chem. **62** (1970) 1, S. 32 – 42.

*Bruss, H.K.:* Neue Fortschritte auf dem Gebiet der Betriebsrheologie durch Rotationsviskosimeter mit dem Hohlwellenmeßsystem. GIT. Fachz. Laboratorium **14** (1970) 5, S. 485 – 490.

*Günther, H.:* Neuere Entwicklungen der NMR-Spektroskopie. Nachrichten Chemie Technik **18** (1970) 8, S. 151 – 154. In: Angew. Chemie **82** (1970) 8.

*Bacher, St., Kaufman, A.:* Computergesteuerte diskontinuierliche chemische Reaktionen. IEC. Ind. engng. Chem. **62** (1970) 1, S. 53 – 61.

*Ishida, Y., Ueda, S., Kawai, K., Kimura, I.:* Linearität von Eichkurven bei der Gelchromatographie und die Anwendung gemischter Gelsäulen. Kobunshi Kagaku, Tokyo (Chem. High Polymers) **27** (1970) 297, S. 33 bis 39 (jap.; engl. Zusammenfass.)

### Physik und Chemie der Hochpolymeren

*Baumann, H., Lange, H.:* Struktur und Eigenschaften von ABS-Polymeren. II. Grenzviskositäts-Molekulargewichtsbeziehungen für azeotrope Styrol/Acrylnitril-Copolymerisate. Angew. makromol. Chemie, Basel **9** (1969) S. 16 – 34.

*Gramain, Ph.. Libeyre, R.:* Automatisches Registrierkapillarviskosimeter mit Verdünnungsvorrichtung. J. appl. Polymer Sci. **14** (1970) 2, S. 383 bis 391.

*Almin, K. E., Swenson, H. A.:* Durch eine Analysenwaage gesteuertes Zweikapillar-Viskosimeter. J. appl. Polymer Sci. **14** (1970) 2, S. 453 – 459.

*Philipp, B.:* Zur Molmassebestimmung bei Hochpolymeren mittels Viskositäts- und Sedimentationsmessungen. Mitteilungsbl. Chem. Ges. DDR **17** (1970) 5/6, S. 110.

*Graham, N. B., Holden, H. W.:* Dispersionen von polymeren Acrylseifen. 2. Eine Untersuchung der physikochemischen Eigenschaften. Polymer, London **11** (1970) 4, S. 198 – 211.

*Jagnjatinskaja, S. M., Kaplunova, L. Ja., Vojuckij, S. S.:* Zur Bestimmung der Oberflächenspannung von amorphen Polymeren. Ž. fizič. Chimii (Z. physik. Chemie) **44** (1970) 6, S. 1445 – 1449.

*Philipp, B., Dautzenberg, H., Schmiga, W.:* Zum Einfluß von Polymerisationsgrad und NAOH-Konzentration auf den zeitlichen Verlauf von Bildung und Zersetzung des Cellulosexanthogenats. Faserforsch. u. Textiltechnik **21** (1970) 7, S. 279 – 282.

*Abe, A.:* Optische Drehungseigenschaften von Vinylcopolymeren. J. amer. chem. Soc. **92** (1970) 5, S. 1136 – 1142.

*Kalz, G.:* Zu den Brechungsinkrementen von Polymeren in Lösung. Plaste u. Kautschuk **17** (1970) 5, S. 331 – 333.

*Rödel, K., Sonntag, H.:* Zur spektroskopischen Untersuchung von gespreiteten Molekülen. Tenside, München **7** (1970) 3, S. 135 – 137.

*Tiño, J., Čapla, M., Szöcs, F.:* Untersuchung der in mechanisch abgebautem Polystyrol eingefangenen Radikale durch Elektronenspinresonanz. European Polymer J. **6** (1970) 2, S. 397 – 401.

*Plummer, H., Jennings, B. R.:* Elektrooptische Streuung in Lösungen von Poly-n-hexylisocyanat. European Polymer J. **6** (1970) 2, S. 171 – 180.

*Ogiwara, Y., Kubota, H., Hayashi, Sh., Mitomo, N.:* Untersuchung der Temperaturabhängigkeit des gebundenen Wassers in Cellulose durch kernmagnetische Hochauflösungs-Resonanz. J. appl. Polymer Sci. **44** (1970) 2, S. 303 – 309.

*Treiber, E.:* Schnellmethode zur Untersuchung von Faserquerschnitten im Raster-Elektronenmikroskop. Chemiefasern **20** (1970) 6, S. 498 – 500.

*Hibi, S., Maeda, M., Ito, F.:* Auswertung der Orientierung und elastischen Anisotropie von polykristallinen Stoffen. Kobunshi Kagaku, Tokyo (Chem. High Polymers) **27** (1970) 207, S. 21 – 32 (jap.; engl. Zusammenfass.)

*Yan, J. F., Momany, F. A.: Scheraga, H. A.* Konformationsanalyse von Makromolekülen. VI. Helixstrukturen von o-, m-, und p-Chlorbenzylestern der Poly-L-asparaginsäure. J. amer. chem. Soc. **92** (1970) 5, S. 1109 – 1115.

*Fengel, D.*, Ultrastrukturverhalten der Zellwandpolysaccharide. Tappi, New York **53** (1970), 3, S. 497 – 503.

*Lobanov, A. N., Sazin, B. I., Suvaev, V. P., Ejdel'nant, M. P.:* Einfluß der Kristallisation und der Orientierung auf die elektrischen Eigenschaften von Polymeren. Plast. Massy, Moskva (Plast. Massen) (1970) 5, S. 52 – 56.

*Dragovič-Božovič, V.:* Probleme der Cellulosestruktur. Hemisjka Vlakna, Loznica/Jugoslaw. (Chem. Fasern) **9** (1969) 4, S. 8 – 11.

*Hugo, J. A., Phillips, V. A., Roberts, B. W.:* Innere Struktur von Hochmodul-Kohlenstoff-Fäden. Nature, London **226** (1970) 5241, S. 144.

*Jeziorny, A.:* Vergleich der durch verschiedene Methoden ermittelten Werte des Kristallisationsgrades von Polyesterfaserstoffen. Polimery, Warszawa **15** (1970) 2, S. 71 – 73.

*Blackadder, D. A., Lewell, F. A.:* Eigenschaften von Polymerkristallaggregaten. 1. Vergleich von Polyäthylenkristallaggregaten mit in Substanz kristallisiertem Polyäthylen. 2. Tempern von Polyäthylenkristallaggregaten. Polymer, London **11** (1970) 3, S. 125 – 146; 147 – 164.

*Jerome, R., Desreux, V.*: Hydrodynamische Eigenschaften und ungestörte Abmessungen von Poly-tert.-butylacrylat in verschiedenen Lösungsmitteln. European Polymer J. **6** (1970) 2, S. 411–421.

*Kyselka, A.*: Bemerkung zur Bestimmung der oberen Grenze des mittleren Längenquadrates einer Polymerkette nach Rubin. J. chem. Physics **51** (1969) 5, S. 2281–2282.

*Yonetani, K., Graessley, W. W.*: Bestrahlungswirkungen bei Homopolymeren und verdünnten Copolymeren von Vinylacetat. Polymer, London **11** (1970), 4, S. 222–236.

*Agranat, M. B., Černjavskij, F. N., Novikov, N. P., Saluenja, S. S., Jampolskij, P. A., Judin, Yu. I.*, (Schreibw. i. Orig.: *Chernyavsky, F. N., Saluenya, S. S., Yampolsky, P. A., Yudin, Yu. I.*): Mikrodefekte in Polymeren als durch Laserstrahlung hervorgerufene Zentren destruktiver Risse. Nature, London **226** (1970) 5243, S. 349–351.

*Gulati, S., Gulati, S. P.*: Längs- und Drehschwingungen einer Kugel in unbegrenzten viskoelastischen Flüssigkeiten. Rheologica Acta, Darmstadt **9** (1970) 2, S. 181–185 (engl.)

*Chong, J. S., Vezzi, D. M.*: Nichtstationäres Fließen von viskoelastischen Flüssigkeiten. J. appl. Polymer Sci. **14** (1970) 1, S. 17–34.

*Röthemeyer, F.*: Das Druckströmungsfeld in zylindrischen Fließkanälen mit beliebigem Querschnitt. Rheologica Acta, Darmstadt **9** (1970) 2, S. 259 bis 263.

*Persson, P. B., Inger, E., Didriksson, E., Back, E. L.*: Thermische Umwandlungen und Selbstvernetzung der Na-Salze von Carboxymethylcellulose. Svensk Papperstidn. **73** (1970) 10, S. 329–333 (engl.)

*Gupta, V. P., Pierre, L. E. St.*: Thermischer Abbau von Polyvinylchlorid. I. Strukturelle Auswirkungen bei der Initiierung und Zerstörung der Kettenlängen. J. Polymer Sci., A-1: Polymer Chem. **8** (1970) 1, S. 37–48.

*Červjacova, L. L., Kačan, A. A., Motrjuk, G. I., Šelud'ko, E. V., Maličenko, B. F.*: Thermischer Abbau von linearen aliphatischen fluorhaltigen Polyurethanen. Vysokomol. Soed. (Hochmol. Verbind.) Serie A **12** (1970) 5, S. 981–986.

*Cameron, G. G., Kerr, G. P.*: Thermischer Abbau von Polystyrol. II. Die Bedeutung von Anormalitäten. European Polymer J. **6** (1970) 2, S. 423 bis 433.

*Ries, H. E., jr.*: Mikroelektrophoretische Messungen an polymeren Flokkulationsmitteln allein und im Überschuß mit Modellkolloiden. Nature, London **226** (1970) 5240, S. 72–73.

*Simionescu, Cr. I., Uglea, C. V.*: Das hydrodynamische Verhalten von Cellulosederivaten. I. Vollständig substituierte 2,4-Dinitrobenzoylcellulose. Cellulose Chem. Technology, Jassy/Rum. **3** (1969) 6, S. 649–652. (franz.)

*Kilian, F. P.*: Widerstandsverminderung durch Fadenmoleküle in der Grenzschicht. Umschau Wiss. Technik **70** (1970) 11, S. 345–346.

*Gee, D. R., Melia, T. P.*: Der Einfluß ionisierender Strahlung auf die thermischen Eigenschaften von linearen Hochpolymeren. Teil 1. Vinylpolymere. Teil 2. Polyamid 6. Polymer, London **11** (1970) 4, S. 178–191; 192–197.

*Dunn, P., Ennis, B. C.*: Thermische Analyse von Polyvinylchloridkompositionen. J. appl. Polymer Sci. **14** (1970) 2, S. 355–364.

*Segal, L., Timpa, J. D.: Wadsworth, J. I.* Gelchromatographie und Cellulose. I. Wirkung des Nitrierungsgrades von Cellulose auf die Verteilung der rel. Molekülmasse. J. Polymer Sci., A-1: Polymer Chem. **8** (1970) 1, S. 25–35.

*Dinse, H.-D., Praeger, K.*: Über die Bestimmung der Acetylendgruppen in mit Essigsäure stabilisiertem Polycaproamid. Faserforsch. u. Textiltechnik **21** (1970) 7, S. 305–307.

*Andrianov, K. A., Gul', V. E., Chananašvili, L. M., Bulgakov, J. Ju.*: Über den Reaktionsmechanismus der Modifizierung von Polyolefinen mit siliciumorganischen Flüssigkeiten. Izv. Akad. Nauk SSSR, Serija chim. (Nachr. Akad. Wiss. UdSSR, Chemie) (1970) 4, S. 797–801.

*Čalych, A. E., Frejdgejm, K. I., Alekseenko, V. I.*: Untersuchung der Bildungskinetik von Kondensationsstrukturen bei der Diffusionsverdünnung einer Polymerlösung mit einem Nichtlösungsmittel. Vysokomol. Soed. (Hochmol. Verbind.) Serie A **12** (1970) 5, S. 1097–1102.

*Roberts, A. F.*: Das kinetische Verhalten von intermediären Verbindungen während der Pyrolyse von Cellulose. J. appl. Polymer Sci. **14** (1970) 1, S. 244–247.

*Takahashi, T., Yasukawa, T., Murakami, K.*: Kooperative Oxydationsreaktionen an Polymermischungen. I. Polybutadien/Polyvinylchlorid-Systeme. Angew. makromol. Chemie, Basel **9** (1969) S. 182–185 (engl.)

*Ryšavy, D., Sláma, Z.*: Ein Beitrag zur Untersuchung des Mechanismus der Stabilisierungswirkung von Estern von phosphoriger Säure. Angew. makromol. Chemie, Basel **9** (1969) S. 129–135 (engl.)

*Saito, Sh.*: Ausfällung von einigen nichtionischen Polymeren durch Octylammoniumthiocyanat. J. Polymer Sci., A-1: Polymer Chem. **8** (1970) 1, S. 263–271.

*Feldman, D., Rusu, M.*: Gegenwärtiger Stand makromolekularer Legierungen. II. Mischungen von thermoplastischen Polymeren und Elastomeren Materiale plast., Bucureşti **7** (1970) 3, S. 106–111.

*Kelen, T., Galambos, G., Tüdös, F., Bálint, G.*: Abbau von Polymeren durch Abspaltung. IV. Längenverteilung der durch Abspaltung gebildeten Sequenzen. European Polymer J. **6** (1970) 2, S. 127–142.

*Darby, J. R., Touchette, N. W., Sears, J. K.*: Antioxydationswirkung bei mit Diisodecyladipat weichgemachtem PVC. J. appl. Polymer Sci. **14** (1970) 1, S. 53–64.

*Kuznecova, Z. I., Ivanova, V. S., Šorygina, N. N., Ivanova, E. G.*: O-Nitrierung der Cellulose mit gasförmigem Distickstofftetroxid. Cellulose Chem. Technology, Jassy/Rum. **3** (1969) 6, S. 585–597 (russ.)

*Misterek, B.*: Über die Verarbeitbarkeit von Poly[3,3-bis(chlormethyl)-oxäthanen] im geschmolzenen Zustand. Polimery, Warszawa **15** (1970) 3, S. 118–120.

**Physik und Chemie der Monomeren und Oligomeren**

*Ichikawa, Y., Yamashita, G., Tokashiki, M., Yamaji, T.*: Neues Oxydationsverfahren zur Herstellung von Terephthalsäure aus p-Xylol. IEC. Ind. engng. Chem. **62** (1970) 4, S. 38–42.

*Teruškin, V. R., Liverovskaja, N. V., Kravčenko, B. A., Rozenberg, M. E.*: Entwicklungswege der Produktion von Vinylacetat. Plast. Massy, Moskva (Plast. Massen) (1970) 5, S. 42–45.

*Artem'ev, A. A., Genkina, E. V., Golovkin, G. V., Kononov, N. F., Malimonova, A.B., Plate, A. F., Prjanišnikova, M. A., Slavnova, A. S., Snitkovskaja, L. M., Fal'k vič, M. I.*: Synthese von Önantholactam auf der Basis von Cyclopentadien. Ž. prikl. Chimii (Z. angew. Chemie) **43** (1970) 5, S. 1137–1140.

*Romancev, M. F.*: Photometrische Bestimmung von Bisphenolen. Z. anal. Chimii (Z. analyt. Chemie) **25** (1970) 5, S. 1023–1024.

*Petrov, P., Elenkov, D., Grozev, G., Georgieva, S.*: Bestimmung von Trioxan in wäßrigen Formaldehydlösungen. Ž. analy. Chimii (Z. analyt. Chemie) **25** (1970) 5, S. 1021–1022.

*Comyn, J., Dainton, F. S., Ivan, K. J.*: Die elektrolytische Dissoziation von Ionenpaaren von α-Methylstyrololigomeren in Tetrahydrofuran und Tetrahydropyran. European Polymer J. **6** (1970) 2, S. 319–329.

*Müller, H. K., Müller, H. G.*: Oligamide aus ε-Aminocapronsäure und isomeren Aminobiphenylcarbonsäuren. J. prakt. Chemie **312** (1970) 1, S. 78 bis 89.

**Polymerisation**

*Deleanu, Th., Dimonie, M.*: Neuformulierung der Theorie der ionischen Polymerisation. II. Geschwindigkeitsänderung des Polymerisationsgrades mit der Zeit. J. Polymer Sci., A-1: Polymer Chem. **8** (1970) 1, S. 95–110.

*Teaney, F. G., Anthony, R. G.*: Einfluß der Mehrfachbeschickung auf die abbruchfreie Polymerisation in kontinuierlich arbeitenden Rührreaktoren. J. appl. Polymer Sci. **14** (1970) 1, S. 147–159.

*Platzer, N.*: Typen von kontinuierlichen und diskontinuierlichen Polymerisationsverfahren. IEC. Ind. engng. Chem. **62** (1970) 1, S. 6–20.

*Henrici-Olivé, G., Olivé, S.*: Koordinative Polymerisation an löslichen Übergangsmetall-Katalysatoren. Advances Polymer Sci./Fortschritte Hochpolymeren-Forsch. **6** (1969) 4, S. 421–472.

*Antonovskij, V. L., Bezborodova, L. D.*: Untersuchung des Initiierungsvermögens organischer Peroxide mit Hilfe der Inhibitor-Methode. III. Peroxide vom Typ ROOR'. Z. fizič. Chimii (Z. physik. Chemie) **44** (1970) 5, S. 1224–1226.

*Stea, G., Gechele, G. B.*: Anionische Polymerisation von Caprolactam. Einfluß von verschiedenen Initiatoren. European Polymer J. **6** (1970) 2, S. 233–240.

*Delvigs, P., Hsu, Li-Chen, Serafini, T. T.*: Die Synthese eines neuen Polyimid-Precursors. J. Polymer Sci., B: Polymer Letters **8** (1970) 1, S. 29 bis 35.

*Koton, M. M.*: Der gegenwärtige Stand und die Entwicklungsaussichten der Produktion von thermisch beständigen Polymeren. Plast. Massy, Moskva (Plast. Massen) (1970) 4, S. 59–66.

*Holtschmidt, H., Oertel, G.*: Neue hochmolekulare Substanzen aus Isocyanaten mit funktionellen Gruppen. Angew. makromol. Chemie, Basel **9** (1969) S. 1–15.

*Vinogradova, S. V., Vasnev, V. A., Koršak, V. V., Mitajšvili, T. I.*: Einfluß der Struktur der Ausgangsprodukte auf den Verlauf der Tieftemperaturpolykondensation. Vysokomol. Soed. (Hochmol. Verbind.) Serie A **12** (1970) 5, S. 1108–1112.

*Ogata, N.*: Synthese von Polykondensaten. Kobunshi Kagaku, Tokyo (Chem. High Polymers) **27** (1970) 297, S. 1–20 (jap.; engl. Zusammenfass.)

*Šagilova, A. V., Orlova, V. G., Archipova, Z. V., Konsetov, V. V.*: Polymerisation von Äthylen in der Gasphase in Ggw. von metallorganischen Katalysatoren. Plast. Massy, Moskva (Plast. Massen) (1970) 5, S. 30–33.

*Cooper, W., Morgan, D. R.*: Polysulfidbindungen in Polypropylensulfid bei Herstellung mit Zink- und Cadmiumthiolat als Initiatoren. European Polymer J. **6** (1970) 2, S. 363–371.

*Kissin, Ju. V., Mežikovskij, S. M., Čirkov, N. M.*, (Schreibw. i. Orig.: *Kissin, Yu. V., Mezhikovsky, S. M., Chirkov, N. M.*): Der stereospezifische Mechanismus der Olefinpolymerisation durch heterogene Komplexkatalysatoren. I. Füllungsgrad der Katalysatoroberfläche mit aktiven Stellen und deren chemische Struktur. European Polymer J. **6** (1970) 2, S. 267–279.

*Kuzaev, A. I., Komratov, G. N., Korovina, G. V., Ėntelis, S. G.*: Einfluß von Wasser auf die Polymerisation von Tetrahydrofuran. Vysokomol. Soed. (Hochmol. Verbind.) Serie A **12** (1970) 5, S. 1033–1038.

*Kodama, T., Ide, F.*: Copolymerisation von Dimethylacrylat und die Eigenschaften der erhaltenen Copolymeren. Die Wirkung der Kettenlänge von Dimethylacrylat. Kobunshi Kagaku, Tokyo (Chem. High Polymers) **27** (1970) 297, S. 65–73 (jap.; engl. Zusammenfass.)

*Borsig, E., Lazár, M., Čapla, N., Florián, Š.*: Reinitiierungsreaktionen von Polymethylmethacrylat durch labile Bindungsfragmente des Initiators. Angew. makromol. Chemie, Basel **9** (1969) S. 89–95 (engl.)

*Ikegami, T., Hirai, H.*: Polymerisation von koordinierten Monomeren. III. Copolymerisation von Acrylnitril/Zinkchlorid, Methacrylnitril/Zinkchlorid oder Methylmethacrylat/Zinkchlorid-Komplexen mit Styrol. J. Polymer Sci., A-1: Polymer Chem. **8** (1970) 1, S. 195–208.

*Daigle, D. J., Donaldson, D. J.*: Formaldehyd: Der Schlüssel zur Polymerisation zwischen THPOH und $NH_4OH$. J. appl. Polymer Sci. **14** (1970) 1, S. 248–249.

*Vinogradova, S. V., Koršak, V. V., Papava, G. Š., Majsuradze, N. A., Veličkova, R. S.*: Über den Polykondensationsmechanismus polycyclischer Bisphenole mit aromatischen Dicarbonsäurechloriden. Izv. Akad. Nauk SSSR, Serija chim. (Nachr. Akad. Wiss. UdSSR, Chemie) (1970) 4, S. 820–825.

*Šostakovskij, M. F., Skvorcova, G. G., Kurov, G. N., Sidorenko, L. L., Voronov, V. K.*: Über die Besonderheiten der homolytischen Wechselwirkung von N-Vinylphenthiazin mit N-Vinylbutyläther. Dokl. Akad. Nauk SSSR (Ber. Akad. Wiss. UdSSR) **192** (1970) 1, S. 115–117.

*Grosius, P., Gallot, Y., Skoulios, A.*: Synthese und Eigenschaften von Styrol/Vinylpyridin-Blockcopolymeren. Untersuchung der in selektiven Lösungsmitteln erhaltenen mesomorphen Strukturen. European Polymer J. **6** (1970) 2, S. 355–361 (franz.).

*Millich, F., Carraher, C. E., jr.*: Grenzflächensynthesen von Polyphosphaten und Polyphosphatestern. II. Abhängigkeit der Ausbeute vom Lösungsmittelvolumen und der Comerenkonzentrationen bei der basischen Polymerisation von Hydrochinon und Phenylphosphodichlorid. J. Polymer Sci., A-1: Polymer Chem. **8** (1970) 1, S. 163–169.

## II. Faserstoffe. Ausgangsstoffe usw.

*Moncrieff, R. W.*: Faserforschung in der VR China. Textile Manuf. **96** (1970) 1141, S. 7–8.

**Naturfaserstoffe**

*Pflanzliche Faserstoffe*

*Darăbănt, S. T., Bilcescu, O.*: Die Entwicklung der Technik in der Bastfaserindustrie. Ind. textilă, Bucureşti **21** (1970) 5, S. 268–272.

*Krynski, J.*: Technologische Wertung neuer Flachsarten. Przegl. włokienn. (Textil-Rdsch.) **24** (1970) 3, S. 108–111.

*Albrecht, W.*: Probleme bei der Herstellung von Mischartikeln im Baumwollbereich. Textilindustrie, Mönchengladbach **72** (1970) 6, S. 441–449.

*Tierische Faserstoffe*

*Ifrim, S.:* Die Einwirkung von Wasser und Wärme auf Wolle. Ind. textilă Bucureşti **21** (1970) 5, S. 293–298.

**Chemiefaserstoffe**

*Margetts, A. J., Bott, T. R.:* Kräuselung in Glas- und anderen Chemiefasern. Textile Manuf. **96** (1970) 1142, S. 58–62.

*Cellulose und Zellstoff*

*Phifer, L. H.:* Schnellverfahren zum Naßveraschen von Cellulose und Cellulosederivaten mit Schwefelsäure und Wasserstoffperoxid. Tappi, NewYork **53** (1970) 3, S. 504.

*Hinrichs, D. D.:* Sulfit/Sulfid-Aufschluß von schottischer Kiefer. Teil 1. Ungebleichte Zellstoffe. Svensk Papperstidn. **73** (1970) 5, S. 122–134 (engl.)

*Hansson, J.-Å-:* Sorption von Hemicellulosen an Cellulosefasern. Teil 3. Temperaturabhängigkeit der Sorption von Birkenxylan und Fichtenglukomannan unter den Bedingungen des Kraftaufschlusses. Svensk Papperstidn. **73** (1970) 3, S. 49–53 (engl.)

*Carlsson, B., Johnson, St., Samuelson, O.:* Uronsäuren aus skandinavischer Fichte. Svensk Papperstidn. **73** (1970) 6, S. 168–174 (engl.)

*Slávik, I., Kuniak, L.:* Über den Gehalt an Xyloseeinheiten in Fraktionen der Cellulose. Papier **24** (1970) 5, S. 271–274.

*Regeneratfaserstoffe*

*Treiber, E., Johnsson, S.-E.:* Die neue Universal-Laboratoriumsspinnmaschine am schwedischen Holzforschungsinsitut. Svensk Papperstidn. **73** (1970) 10, S. 344–347.

*Synthetische Faserstoffe*

Synthesefasern für den Markt von morgen. Spinner, Weber, Textilveredlung **88** (1970) 5, S. 469–472.

Die neuen Polyamidfaserstoffe. Textile Month (1970) 1, S. 76, 80.

*Schultze-Gebhardt, F.:* Zur Dehnungsabhängigkeit des E-Moduls verstreckter Polyamid-6-Fäden. Kolloid-Z. u. Z. Polymere **236** (1970) 1, S. 19–30.

*Koch, P.-A.:* Bikomponentenfasern. Textilveredlung, Weinfelden/Schweiz **5** (1970) 4, S. 312–317.

*Dietrich, K., Tolsdorf, S.:* Verbundwerkstoff-Fäden aus Schmelzedispersionen organischer Hochpolymerer. Faserforsch. u. Textiltechnik **21** (1970) 7, S. 295–304.

*Jankulovski, N.:* Melangieren von Malon-Elementarfadenkabel. Hemijska Vlakna, Loznica/Jugoslaw. (Chem. Fasern) **9** (1969) 4, S. 16–17.

*Winny, H. F.:* Die Entwicklung von Faser-Kompositionen für Struktur-Komponenten von Hubschraubern. Textile Inst. Ind. **7** (1969) 12, S. 333 bis 336.

*Künstliche mineralische Faserstoffe*

*Prati, G.:* Textile Anwendungen der Metallfäden. Panorama tessile, Milano **6** (1969) 43, S. 3–6.

## III. Fäden-Herstellungstechnologien

**Spinnerei. Zwirnerei**

*Spinnereivorbereitung*

*Wojciechowski, M., Kubiak, W.:* Verspinnen von Chemiefasern in Baumwollspinnereien. Technik włókienn. (Textiltechn.) **19** (1970) 3, S. 74–79.

*Spinnerei*

*Cojocaru, N., Salavastru-Vilcu, M., Copilu, V., Berechet, E.:* Untersuchung der Fadenbruchzahl bei Baumwollspinnmaschinen zwecks vergleichender Bewertung des Spinnablaufes. Ind. textilă, Bucureşti **21** (1970) 5, S. 273 bis 278.

*Erzeugnisse der Spinnerei und Zwirnerei*

*Perepelkina, M. D., Perepelkin, K. E.:* Über die Perspektiven der Garnherstellung aus Elementarfadenkabel. Tekstil. Prom., Moskva (Textil-Ind.) **30** (1970) 3, S. 84–87.

*Wegener, W., Ehrler, P.:* Die Faseranzahl-Verteilung realer Faserverbände und der Ungleichmäßigkeits-Index *K*. Melliand Testilber. internat. **51** (1970) 5, S. 509–514; 6, S. 629–634.

Wie man die Garnqualität erhöht und die Kosten gleichzeitig niedrig hält. Textile World **119** (1969) 12, S. 65–66.

*Mavromatis, A. S.:* Dickendifferenzierung der aufgewundenen Flyervorgarnschichten. Izv. vysšich uc. Zav. Technol. tekstil. Prom. (Hochschulnachr. Technol. Textil-Ind.) (1970) 1, S. 42–46.

*Fehlauer, H. W.:* Reifencorde: Reyons synthetische Konkurrenten. Textile Month (1970) 1, b. 84–85.

*Knur, R.:* Technologie und Herstellung von Reifencord. Textil-Praxis **25** (1970) 5, S. 270–274.

**Texturfäden**

*Moszczyńska, M., Kubiak, A.:* Entwicklungsrichtungen der Texturierverfahren für Chemieseiden. Przegl. włókienn. (Textil-Rdsch.) **24** (1970) 3, S. 119–133.

*Miltenberger, P., Vetter, S.:* HESONDA-lux, ein neues texturiertes Bikomponentengarn. Wirk-. u. Strick-Technik **20** (1970) 6, S. 373–375.

*Stöhr*, H.: Texturierung in dynamischer Entwicklung. Textilindustrie, Mönchengladbach **72** (1970) 6, S. 461–465.

## IV. Flächengebilde-Herstellungstechnologien

*Burnip, M. S.:* Textile Flächengebilde von heute und morgen. Textile Inst. Ind. **7** (1970) 12, S. 337–339.

*Kirchenberger, H.:* Welches Flächengebilde für welche Ware. Spinner, Weber, Textilveredlung **88** (1970) 5, S. 472–475.

**Materialvorbereitung**

*Malafeev, R. M.:* Über die quantitative Bewertung des Mechanisierungs- und Automatisierungsgrades beim Umspulen von Garn. Izv. vysšich uč. Zav. Technol. tekstil. Prom. (Hochschulnachr. Technol. Textil-Ind.) (1970) 1, S. 3–7.

*Tomaszewski, R., Krysztofczyk, K.:* Polamyl – ein neues Schlichtemittel für Kettgarne mit Elanaanteil. Technik wlokienn. (Textiltechn.) **19** (1970) 4, S. 105–108.

*Pfeifer, H.:* Die Rationalisierung des Arbeitsflusses in der Rohwarenschau. Spinner, Weber, Textilveredlung **88** (1970) 6, S. 573–575.

**Weberei**

*Schmutzler, M.:* Die Tuchmacherkunst um 1700. Teil 5. Textil-Praxis **25** (1970) 4, S. 218–219.

*Weberei-Technologie*

*Gorickij, S. G.:* Zusammenfassen des technologischen Prozesses der Kettfadenvorbereitung für das Weben in einem Maschinenaggregat. Izv. vysšich uč. Zav. Technol. tekstil. Prom. (Hochschulnachr. Technol. Textil-Ind.) (1970) 1, S. 71–75.

Das Spaltwebverfahren im weiteren Vordringen. Internat. Textil-Bull., Zürich; Weberei (1970) 1, S. 60.

*Erzeugnisse der Weberei*

*Mindrea, N., Tamşa, A., Demşa, M.:* Eine analytische Untersuchung der Fadenbrüche beim Weben. Maßnahmen zu ihrer Beseitigung. Ind. textilă, Bucureşti **21** (1970) 5, S. 279–286.

*Frommert, S. K.:* Die Noppenfestigkeit in Samten und Plüschen. Melliand Textilber. internat. **51** (1970) 5, S. 516–521.

*Austafaeva, M. Ja., Urazov, N. Ch., Kanaki, V. K., Jakovlev, V. V.:* Untersuchen der Struktur von Seidengeweben mittels eines optischen Verfahrens. Izv. vysšich uč. Zav. Technol. tekstil. Prom. (Hochschulnachr. Technol. Textil-Ind.) (1970) 1, S. 66–71.

**Wirkerei und Strickerei. Konfektionstechnik. Sonstige Technologien**

*Wirkerei- und Strickerei-Technologie*

Verarbeitung von texturierten Polyesterfäden Trevira in der Maschenwarenindustrie. Inform. Přehled. Výzkumný Ust. Pletařský, Brno (Inform.-Übers. Wirkerei-Inst.) (1969) 6, S. 32–46.

*Offermann, P., Tausch-Marton, H., Haupt, H.:* Reguläres Großrundstricken aus technischer und wirtschaftlicher Sicht. Wirk.- u. Strick.-Technik **20** (1970) 5, S. 265–271, 274–275.

*Magdoń, St., Stajniak, K.:* Einprozeß-Herstellung von feinen Damen-Strumpfhosen. Technik włókienn. (Textiltechn.) **19** (1970) 3, S. 86–89.

*Erzeugnisse der Wirkerei und Strickerei*

*Weber, K.-P.:* Die Kettenwirkerei – Technologische und bindungstechnische Grundlagen sowie Mustereinrichtungen. Melliand Textilber. internat. **51** (1970) 6, S. 672–676.

*Birgeris, Ju. L., Arlauskene, O. I.:* Neue Erzeugnisse von Schlußwirkmaschinen. Tekstil. Prom., Moskva (Textil-Ind.) **30** (1970) 5, S. 47–48.

*Torkunova, Z. A.:* Geräte und Methoden zum Beurteilen von Maschenware. Tekstil. Prom., Moskva (Textil-Ind.) **30** (1970) 3, S. 80–81.

*Konfektion*

*Hollenbach, F. K., Blettenberger, H.:* Höherer Gewinn durch bessere Planung. Teil II. III. Bekleid. u. Wäsche **22** (1970) 9, S. 613–619; 10, S. 707 bis 713; 11, S. 767–771.

**Textilverbundstoffe**

*Kotova, A. J., Rybakova, V. I., Syčeva, L. I.:* Über die Effektivität der Herstellung von Nähwirk- und Nadelvliesstoffen. Tekstil. Prom., Moskva (Textil-Ind.) **30** (1970) 3, S. 6–8.

*Targaszewski, J., Krzeszewski, H.:* Ökonomische Effektivität der Verbundstoffe. Technik wlokienn. (Textiltechn.) **19** (1970) 4, S. 118–122.

*Faserverbundstoffe. Vliesstoffe*

*Borisova, Z. V.:* Neues Sortiment an Vliesstoffen. Tekstil. Prom., Moskva (Textil-Ind.) **30** (1970) 3, S. 15–18.

*Frenzel, B., Hentschel, H.-D.:* Vliesstoffherstellung auf Malimo-Nähwirkmaschinen. Dt. Textiltechnik **20** (1970) 6, S. 368–375.

*Wdowiak, T.:* Herstellungstechnologie für nichtgewebte Materialien nach dem Papierverfahren. Przegl. papierniniczy **4** (1970) 4 (315), S. 132–138.

## V. Textilveredlung

*Franke, W.:* Aktuelle Probleme der Ausrüstung von Maschenwaren. Textil-Praxis **25** (1970) 5, S. 296–300.

Anwendungen von Ultraschall in der Textilindustrie. Bull. Inst. Textile France **24** (1970) 147, S. 257–271.

**Farbstoffe. Textilhilfsmittel**

*Stamenković, T.:* Praktische Prüfung von Tensidhilfsmitteln beim Avivieren von Viskosefasern. Hemijska Vlakna, Loznica/Jugoslaw. (Chem. Fasern) **9** (1969) 4, S. 3–7.

*Rösch, M.:* Zur biologischen Abbaubarkeit von Wasch- und Netzmitteln für die Textilindustrie. Textilindustrie, Mönchengladbach **72** (1970) 6, S. 492–496.

**Bleicherei. Sonstige Vorbehandlungsarbeiten der Textilveredlung**

*Roveda, G.:* Neue Untersuchungen über die alkalische Behandlung der Rohbaumwolle. Fibre e Colori, Milano **20** (1970) 2, S. 48–55.

**Färberei**

*Hildebrand, D.:* Zum Mechanismus des Färbens mit Reaktivfarbstoffen. Textil-Praxis **25** (1970) 5, S. 292–296.

*Wilson, B. W.:* Entwicklung eines Lösungsmittelverfahrens zum Färben von Wollkammzug. J. Soc. Dyers Colourists **86** (1970) 3, S. 122–130.

*Richter, W.:* Das Färben von gemischten Polyester/Cellulosefaser-Garnen. Fibre e Colori, Milano **20** (1970) 4, S. 133–138.

*Senner, P., Staiger, B.:* Über das Verhalten der Dispersionsfarbstoffe und Färbebeschleuniger (Carrier) während des Färbens von Polyäthylenglykolterephthalaten. Textilindustrie, Mönchengladbach **72** (1970) 5, S. 383–387.

*Vinogradova, G. I., Mel'nikov, B. N.:* Färben von Kapron mit Kubosolen in Anwesenheit von zweiwertigen Elektrolyten. Tekstil. Prom., Moskva (Textil-Ind.) **30** (1970) 5, S. 48–52.

*Nepomnjaščij, V. E., Eršov, A. P.:* Färben von Vinol-Faserstoff mit Direktfarbstoffen. Tekstil. Prom., Moskva (Textil-Ind.) **30** (1970) 3, S. 70–72.

*Nakajima, F., Suda, Y.:* Einflüsse von Nitrobenzolderivaten auf das Färben von Polyacrylnitrilfaserstoff mit Dispersionsfarbstoffen. Kogyo Gijutsuin Sen'i Kogyo Shikensho Kenkyo Hokoku, Yokohama (Bull. Textile Res. Inst. jap. Government) **88** (1969) 99 S. 63–69 (jap.; engl. Zusammenfass.)

*Klein, H.:* Das Färben von Materialien aus texturiertem Polyester unter besonderer Berücksichtigung des Barré-Effektes. Chemiefasern **20** (1970) 6, S. 472–480.

*Dečeva, R., Kolev, St.:* Besonderheiten beim Färben von Geweben aus Polynosefasern mit Reaktivfarbstoffen. Tekstil. Prom., Sofija (Textil-Ind.) **19** (1970) 2, S. 16–21.
*Brandes, J.:* Wolle in Tuftingteppichen – Färbeverfahren. Internat. Dyer, Textile Printer, Bleacher, Finisher **143** (1970) 2, S. 99–102.

**Druckerei**

Rotations-Schablonen-Druck auf neuen Wegen. Spinner, Weber, Textilveredlung **88** (1970) 5, S. 482.
*Maikowski, M. A.:* Der Einfluß der Korngrößenverteilung beim Pigmentdruck auf Textilien. Melliand Textilber. internat. **51** (1970) 5, S. 574–578.

**Ausrüstung. Trocknung**

*Pajgrt, I., Plíšek, L.:* Die Fixierwirkung des kontinuierlichen Krabbens auf Gewebe aus rohweißen Polyesterfasern. Melliand Textilber. internat. **51** (1970) 6, S. 721–724.
*Donner, D. E.:* Einsatzmöglichkeiten bondierter Textilien. Bekleid. u. Wäsche **22** (1970) 9, S. 646, 648, 650, 652, 654, 656.
*Quack, R.:* VISTRAM hat viele Gesichter. Bekleid. u. Wäsche **22** (1970) 11, S. 794, 796, 798, 800.
ORCED-Verfahren für die Filzfreiausrüstung. Internat. Textil-Bull., Zürich; Färberei/Druckerei/Ausrüstung (1970) 1, S. 66, 69.
*Dorset, B. C. M.:* Neue Entwicklungen auf dem Gebiete der Knitterarmausrüstung und verzögerten Fixierung. Textile Manuf. **96** (1970) 1142, S. 70–76.
*Walter, H.:* Messen und Regeln der Warentemperatur bei Thermofixierprozessen. Melliand Textilber. internat. **51** (1970) 5, S. 595–596.
*Paulus, W., Pauli, O.:* Antimikrobielle Ausrüstung von Textilmaterial mit Hilfe von Reaktivwirkstoffen. Textilveredlung, Weinfelden/Schweiz **5** (1970) 4, S. 247–255.
*Berger, W., Mellentin, J.:* Modifizierung von Synthesefaserstoffen durch Polymermischungen. Faserforsch. u. Textiltechnik **21** (1970) 7, S. 288 bis 294.

**Wäscherei. Chemische Reinigung**

*Dimčov, A.:* Wäsche von Polyacrylnitrilfasern. Hemijska Vlakna, Loznica/Jugoslaw. (Chem. Fasern) **9** (1969) 4, S. 12–15.
Großer Vorstoß bei der Verwendung von NTA in Waschpulvern. Chem. engng. News **48** (1970) 15, S. 11.
*Viertel, O.:* Untersuchungen über das Waschen pflegeleichter Textilien aus Polyester/Baumwolle im Haushaltwaschvollautomaten und Trocknen im Haushalttrockner. Chemiefasern **20** (1970) 6, S. 494–496.
*Kaesler, K. P.:* Neue Wege zur Bügelei-Rationalisierung. 1. Sofortdienst/Minishop-Kleinfilialbetrieb. Chemischreiniger u. Färber/Färber-Ztg. **23** (1970) 5, S. 222–230.

## VI. Werkstoffprüfung. Meß- und Prüftechnik. Standardisierung

*Oldřich, P., Plíšek, L.:* Physikalisch-mechanische Veränderungen bei Geweben aus unter Druck gefärbten Polyesterfasern, verursacht durch Naß- und Wärmeausrüstungsprozesse. Melliand Textilber. internat. **51** (1970) 5, S. 569–570.
*Beckstein, H.:* Messung und Regelung von Dehnung und Krumpfung. Wirk.- u. Strick-Technik **20** (1970) 5, S. 283, 286, 292–296.

**Eigenschaften und Fehler der Textilmaterialien u. a.**

*Inoue, H., Suda, Y.:* Eine einfache Gleichung zur Bestimmung des Diffusionskoeffizienten innerhalb einer Faser bei unendlichem Färbebad. Kogyo Gijutsuin Sen'i Kogyo Shikensho Kenkyo Hokoku, Yokohama (Bull. Textile Res. Inst. jap. Government) (1969) 9 (88), S. 79–84 (jap.; engl. Zusammenfass.)
*Thorne, D. J.:* Verteilung von inneren Fehlern bei Acrylfaserstoffen. J. appl. Polymer Sci. **14** (1970) 1, S. 103–113.
*Sivaraja, I., S. R., Baddi, N. T.:* Kalorimetrische Messung der Benetzungswärme von Cellulose mit Wasser. Cellulose Chem. Technology, Jassy/Rum. **3** (1969) 6, S. 561–566 (engl.)
*Kunčev, E.:* Einfluß des Dimethyloläthylenharnstoffs auf einige Eigenschaften der Wolle. Tekstil. Prom., Sofija (Textil-Ind.) **19** (1970) 1, S. 22 bis 25.
*Koldynský, O., Coufal, M.:* Gebrauchseigenschaften von Textilien. Teil I. Textil, Praha **25** (1970) 5, S. 157–160.
*Mazingue, G., Outreman, P.:* Bestimmung der Feinheit von Rohwollen Einfluß der Labor-Waschmethode auf den Faserdurchmesser. Bull. Inst. Textile France **24** (1970) 147, S. 185–192.
*Ulmer, K., Hradecká, J.:* Der Einfluß von Weichmachern auf das Kraft-Dehnungs-Verhalten von Maschenwaren aus synthetischen Fasern. Wirk.- u. Strick.-Technik **20** (1970) 6, S. 355–357, 360, 362, 364, 366.
*Hopper, M. E., McGregor, R., Peters, R. H.:* Einige Beobachtungen zur Konzentrationsabhängigkeit der Diffusionskoeffizienten von Säurefarbstoffen in Polyamid. J. Soc. Dyers Colourists **86** (1970) 3, S. 117–122.
*Henkel, H.:* Dielektrische Feuchtebestimmung von Polyamidseide-Spinnspulen. Faserforsch. u. Textiltechnik **21** (1970) 7, S. 283–287.
*Ponchel, P.:* Einfluß der Aufmachung des Materials auf die Ergebnisse von Wasser-, Meerwasser- und Schweißechtheitsuntersuchungen. Bull. Inst. Textile France **24** (1970) 147, S. 243–248.
*Armenàkas, A. E., Garg, S. K., Sciammarella, C. A.:* Festigkeitskennwerte von Glasfaserstoff unter dynamischer Beanspruchung. J. appl. Physics **41** (1960) 4, S. 1657–1664.

**Meß- und Prüftechnik**

*Gindin, I. A., Kravčenko, S. F.: Starodubov, Ju. D.:* Moderne Methoden und Geräte zur Bestimmung der mechanischen Eigenschaften von Materialien unter Tieftemperaturbedingungen. Zavodsk. Labor., Moskva (Betriebslabor) **36** (1970) 4, S. 473–480.
*Romanyčev, A. F.:* Bestimmen des Elastizitätsmoduls für Textolit bei statischer Zugbeanspruchung. Izv. vysšich uč. Zav. Technol. tekstil. Prom. (Hochschulnachr. Technol. Textil-Ind.) (1970) 1, S. 134–138.
*Beckstein, H.:* Automatische Bestimmung der Maschenzahl pro Zentimeter. Wirk.- u. Strick.-Technik **20** (1970) 6, S. 366, 368, 370, 372.
*Pierret, S., Bellaton, R., Besson, J.-P.:* Neues Verfahren zur Bestimmung von Schlichtebädern auf der Basis von Acrylderivaten. Bull. Inst. Textile France **24** (1970) 147, S. 249–254.
*Zurek, W., Bartos, J.:* Der Zusammenhang zwischen der Faserlängenverteilung von Baumwolle vor und nach der Behandlung. V. (Schluß) Textilis, Gent **26** (1970) 1, S. 23, 25–27, 29–35.
*Valk, G., Loers, E., Küppers, P.:* Die Rolle von Oligomeren bei textilen Verarbeitungsprozessen von Polyesterfasern. Melliand Textilber. internat. **51** (1970) 5, S. 504–508.
*Stein, W.:* Zugprüfungen an Faserbündeln, Einzelfasern, Garnen und Zwirnen. Textilindustrie, Mönchengladbach **72** (1970) 5, S. 345–349.
*Zahn, H., Henning, H.-J., Blankenburg, G.:* Technische Grundlagen für die Toleranzen einiger chemischer Kennzahlen von Waschwollen und von karbonisierten Wollen. Melliand Textilber. internat. **51** (1970) 5, S. 497 bis 503.
*Netea, M.:* Wesentliche Aspekte, die sich auf die Parameter der Faserlage und Streuung beziehen und bei der Bestimmung der Faserlänge von Wolle oder Fasern des Wolltyps angewandt werden. Ind. textilă, București **21** (1970) 4, S. 201–210.
*Fröhlich, H. G.:* Chemisch-physikalische Kennwerte von Tierhaaren. Textilindustrie, Mönchengladbach 72 (1970) 5, S. 349–352.
*Heinerth, E.:* Über die 2-Phasen-Titration von Anion- und Kationtensiden. Fette, Seifen, Anstrichmittel/Ernährungsind. **72** (1970) 5, S. 385–388.
*Ludvík, B.:* Gasanalyse in der Textiltechnologie. Textil, Praha **25** (1970) 4, S. 111–112.

**Standardisierung. Terminologie**

Polnische Standards 1969 für Plaste und Faserstoffe. Polimery, Warszawa **15** (1970) 2, S. 92–93.
*Schenkel, E.:* Die Reutlinger Garnstandards – ihre Entwicklung und Entstehung. Textil-Praxis **25** (1970) 5, S. 263–264.

## VII. Betriebstechnik. Ökonomie. Tagungsberichte und dgl.. Sonderfragen

**Betriebstechnik**

*Hollingworth, J.:* Eine Einführung in die Computertechnik. J. Soc. Dyers Colourists **86** (1970) 3, S. 130–138.
*Raßbichler, P.:* Den „richtigen" Computer wählen. ZwF. Z. wirtsch. Fertigung **65** (1970) 5, S. 241–242.
*Pohl, H., Lehnen, W.:* Grundlagen der Informationstheorie und Einführung in die elektronische Informationsverarbeitung. Bekleid. u. Wäsche **22** (1970) 11, S. 759–766.
Textillufttechnik. Internat. Textil-Bull., Zürich; Weberei (1970) 1, S. 7, 8, 13, 14, 19, 20.
*Sterling, W. K.:* Das variable Lager. Spinner, Weber, Textilveredlung **88** (1970) 5, S. 457–460.

**Ökonomie**

*Grunau, G., de la Barre, K. F., Bach, R.:* Schichtarbeit im Territorium komplex organisieren. Wirtschaft, Ausg. A **25** (1970) 26, S. 9–10.
*Lejtman, B. V., Lejzerman, V. Ju.:* Über die Reserven zur Steigerung der Arbeitsproduktivität in der plasterzeugenden- und plastverarbeitenden Industrie. Plast. Massy, Moskva (Plast. Massen) (1970) 4, S. 22–27.
*Szymczak, L., Szymczak, J.:* Ökonomische Aspekte der Produktion von Caprolactam. Polimery, Warszawa **15** (1970) 2, S. 53–56.
Textilien: Gentlemen aus Osaka. Chem. engng. News **48** (1970) 11, S. 14 bis 15.
Beiträge zur Erläuterung wichtiger inhaltlicher Fragen der Grundsatzregelung für die Gestaltung des ökonomischen Systems des Sozialismus in der DDR im Zeitraum 1971 bis 1975. Wirtschaft, Ausg. A **25** (1970) 23, Beilage S. 1–16.
*Figh, J. R.:* Finanzierung des Textilbetriebes von morgen. Textile Month (1970) 1, S. 86, 87, 89.
*Albrecht, G., Mayer, P.:* Zu grundlegenden Problemen der Rationalisierung der geistigen Arbeit. Sozial. Arbeitswiss. **14** (1970) 4, S. 276–293.
*Rouscik, L.:* Automatisierung erfordert Einheit von Erzeugnis und Produktionssystem schon im Modell. Wirtschaft, Ausg. A **25** (1970) 24, S. 14–15.
*Schneider, H.:* MTM-Standarddatensysteme. Ind. Organis., Zürich **39** (1970) 5, S. 230–234.
*Baugut, E. F.:* Zur Unternehmensforschung (Operations-Research) in der Textilindustrie. Sonderteil IV: Maschinenindustrie. Wirk.- u. Strick.-Technik **20** (1970) 6, S. 331–338.
*Svatoněk, J., Chrbolka, J., Svue, P. J.:* Einfluß der Technik und der Organisation der Arbeit im MTM-System auf den Menschen. Textil, Praha **25** (1970) 5, S. 164–165.
Erläuterungen inhaltlicher Fragen der Grundsatzregelung für die Gestaltung des ökonomischen Systems des Sozialismus in der DDR im Zeitraum 1971 bis 1975. Wirtschaft, Ausg. A **25** (1970) 26, Beilage 22, S. 1–12.
Praxis der Marktforschung und des Marketing in Maschenunternehmen. Wirk.- u. Strick.-Technik **20** (1970) 6, S. 338.

**Sonderfragen**

*Freund, P.:* Der Urheberschutzvermerk auf technischen Unterlagen. Neuerer, Ausg. B. **97** (1970) 5, S. 114–116.
*Neumann, G.:* Schutzrechtspolitische Aspekte in der auftragsgebundenen Forschung. Neuerer, Ausg. B **97** (1970) 5, S. 112–114.
*Winklbauer, E.:* Zur Regelung schutzrechtspolitischer Maßnahmen in Forschungsvorträgen. Neuerer, Aus. B **97** (1970) 5, S. 106–109.
*Birklein, H.:* Die Stellung der Anmelder, Erfinder und Patentgemeinschaften im patentamtlichen Verfahren. Neuerer, Ausg. B **97** (1970) 5, S. 116–117.
*Gasser, Ch.:* Die industrielle Unternehmung vor den Aufgaben der Zukunft. Ind. Organis., Zürich **39** (1970) 5, S. 191–202.
Beratung der Grundsätze für die Aus- und Weiterbildung der Werktätigen und für die Weiterentwicklung der Berufsausbildung. Wirtschaft, Ausg. A **25** (1970) 26, Beilage 21, S. 1–12.
*Päßler, E.:* Erfordernisse der sozialistischen Großforschung. Techn. Gemeinsch. **18** (1970) 6, S. 7–9.
*Granitza, E.:* Kunststoff-Bodenbeläge. Teil 2. VDI-Z. **112** (1970) 10, S. 621 bis 625.
*Miller, M. L., Postal, R. H., Sawyer, P. N., Martin, J. G., Kaplit, M. J.:* Konditionieren von Polytetrafluoräthylenoberflächen zur Anwendung als Gefäßprothesen. J. appl. Polymer Sci. **14** (1970) 2, S. 257–266.
*Christofano, E. E., Bryant, J. B., Trowell, J. M.:* Untersuchungen über Giftigkeit von FKW R 113. Chemischreiniger u. Färber/Färber-Ztg. **23** (1970) 5, S. 220, 230.

**PLASTVERARBEITUNG**

Verarbeitung von PVC und anderen Plasten, Spezialität Vakuumformung und Herstellung von Verpackungen für verschiedene Industriezweige.

**HANS JOACH. WÖLFEL KG**
401 HALLE (SAALE)
HANSERING 9 10 Tel. 29505

## LEDER UND KUNSTLEDER

**FACHKUNDE IN STICHWORTEN**

Von Prof. Dr. phil.-habil. FRITZ STATHER
Dritte verbesserte Auflage
1959. VI, 139 Seiten, 101 Schemazeichnungen, 10 Tab., gr. 8°, Halbleinen M 14,80

„Dem Nachwuchs wird mit dem vorliegenden Werk eine Unterlage in die Hand gegeben, welche in allgemein verständlicher Form stichwortartig über alle vorkommenden Begriffe kurze und präzise Auskunft erteilt ... Diese Ausführungen sind trotz ihrer Kürze inhaltlich erschöpfend und logisch begründet."

*(Farben, Lacke und Anstrichmittel, Stuttgart)*

**AKADEMIE-VERLAG · BERLIN**

## WEROL

die
**Schmälze**
zur Erzeugung
hochwertiger Textilgewebe

**HANS PALTZOW**
**CHEMISCHE FABRIK · WERDAU (SACHS)**

Wir liefern komplette

## VAKUUM-ANLAGEN

speziell:

**VAKUUM-TROCKENSCHRÄNKE**
für alle Produkte

**VAKUUM-WALZENTROCKNER**
für flüssige bis breiartige Produkte

**VAKUUM-SCHAUFELTROCKNER**
für Schüttgüter

**VAKUUM-DREHTROMMELTROCKNER**
für Rieselgüter (s. o. Abb. – Großanlage zur Trocknung von Polyamid-Granulat)

**VAKUUM-PUMPANLAGEN**
für alle Anwendungsbereiche

**KOLLOIDMAHLANLAGEN**
zur Feinstvermahlung von Mattierungsmitteln und Füllstoffen

VACUUM-TECHNIK

**DEUTSCHE VACUUMAPPARATE**

DREYER UND HOLLAND-MERTEN KG
DDR 47 SANGERHAUSEN

# Von Galilei bis Einstein
# – Entwicklung der physikalischen Ideen –

Von Prof. Dr. B. G. Kuznecov

(Übersetzung aus dem Russischen)

In deutscher Sprache herausgegeben von Dr. Gisela Buchheim / Dr. Siegfried Wollgast

1970. 391 Seiten - 2 Abbildungen - gr. 8° - Leinen 28,— M; Bestell-Nr. 5711; EDV 751 565 0

Bei dem Buch handelt es sich nicht um eine Physikgeschichte traditioneller Form, die im Rahmen einzelner Zweige der Physik die Entwicklung unter primär chronologischen Gesichtspunkten mit starker Betonung der biographischen Daten behandelt.
Kuznecov wendet sich gegen eine Wissenschaftsgeschichte als Aufzählung positiver Ergebnisse. Den Autor interessieren vor allem jene Grundprobleme, deren Lösungen nicht endgültig sind, jene Probleme, die die Physik heute dazu zwingen, sich um eine Synthese der Konzeptionen der Relativität und der Homogenität von Raum und Zeit einerseits und der atomistischen Konzeption andererseits zu bemühen, d. h. um die Vereinigung von Ideen, die sich in ihren Keimformen bis in das 17. Jahrhundert zurückverfolgen lassen.
Kuznecov vertritt die Meinung, daß die heute in der theoretischen Physik auftretenden Schwierigkeiten nur durch radikale Umwälzungen der grundlegenden Anschauungen überwunden werden können, die wahrscheinlich ein weit konsequenteres Abwenden von der mechanischen Weltanschauung fordern, als das die Relativitätstheorie und die Quantentheorie bereits mit sich brachten.

Bestellungen durch eine Buchhandlung erbeten

THEORIA CUM PRAXI

AKADEMIE-VERLAG · BERLIN

MIX
Papier | Fördert gute Waldnutzung
FSC® C083411

Zeitfracht Medien GmbH
Ferdinand-Jühlke-Straße 7
99095 Erfurt, Deutschland
produktsicherheit@kolibri360.de